智元微库
OPEN MIND

成长也是一种美好

我战胜了坏情绪

坏情绪

让每一种情绪都有积极的意义

［加］莫妮卡·布里永
（Monique Brillon）
著

朱振洁 译

Les émotions
au coeur
de la
santé

人民邮电出版社
北京

图书在版编目（CIP）数据

我战胜了坏情绪 ： 让每一种情绪都有积极的意义 / （加）莫妮卡·布里永（Monique Brillon）著 ；朱振洁 译. -- 北京 ： 人民邮电出版社，2022.9
ISBN 978-7-115-59824-0

Ⅰ．①我⋯ Ⅱ．①莫⋯ ②朱⋯ Ⅲ．①情绪－自我控制－通俗读物 Ⅳ．①B842.6-49

中国版本图书馆CIP数据核字(2022)第144123号

◆ 著 ［加］莫妮卡·布里永（Monique Brillon）
　　译 朱振洁
　　责任编辑 张渝涓
　　责任印制 周昇亮

◆ 人民邮电出版社出版发行　北京市丰台区成寿寺路 11 号
　　邮编 100164　电子邮件 315@ptpress.com.cn
　　网址 https://www.ptpress.com.cn
　　天津千鹤文化传播有限公司印刷

◆ 开本：880×1230　1/32
　　印张：6.5　　　　　　　2022 年 9 月第 1 版
　　字数：185 千字　　　　2025 年 2 月天津第 3 次印刷

著作权合同登记号　图字：01-2022-0987 号

定　价：59.80 元
读者服务热线：（010）67630125　印装质量热线：（010）81055316
反盗版热线：（010）81055315

本书献给所有热爱生活、

想要充分感受美好，

并愿意从痛苦中学习的人。

如果我们真的只能体验内心深处的

一小部分，那么剩下的部分又将何去何从呢？

——帕斯卡·梅西耶（Pascal Mercier）

《里斯本夜车》

情绪为我们的生活增添了丰富的色彩。情绪有时会困扰我们，有时又会让我们尴尬，无论是愉快的还是痛苦的，情绪总是赋予我们生机和活力。你有没有想过，如果没有情绪，你的生活会变成什么样？面对美丽的夕阳你将无动于衷，听到喜欢的音乐、看到感人的画面你也将不再激动；你不知道什么是爱情，友谊也无法给你带来欢乐；脾气暴躁的邻居不会让你心烦；没有什么会激怒你，你也永远不会感到恐惧。总而言之，你的世界会变得沉闷、单调。每个人对情绪的看法都不同，有些人认为情绪是必不可少的，有些人则认为情绪是一种奢侈品，是一种时而让人愉快，时而让人不安，但是毫无用处的幻想。有人说情绪会影响判断力，使人际关系变得复杂，一个人若想过得太平，最好不要过于情绪化。很多人能够区分哪些情绪是自己想要的，哪些情绪是自己不喜欢的、想摆脱的。那么你呢？情绪对你来说是一个珍贵的朋友，还是一个可憎的敌人？你是否想过与情绪斗争到底？

情绪是生理功能的重要组成部分，它在我们的体内不断地流淌，渗入我们的记忆，潜移默化地改变我们对生活的态度，影响我们与过往连接、评估过去经历的方式。每时每刻，情绪都在改变我们的内在状态，告诉我们自己的内心深处正在经历什么，环境正在对我们产生哪些影响。当我们的内部产生张力时，情绪负责调节我们的内在状态。奇怪的是，只有一部分情绪是我们能够意识到的，其他情绪往往在我们不知情的情况下对我们身体机能和心理机能产生影响。

几年前我写过一本书，叫作《疗愈性思维》（*La pensée qui soigne*），想解释为什么科学界和临床研究人员越来越认为人在本质上是"心身一体"的，大部分身体疾病都有心理层面的原因，这方面原因又往往被忽视。该书以"情绪的力量，我们知多少"为副标题，试图从思维的角度探讨个体心身之间的关系，指导人正确地疏导情绪，为情绪开辟一条绿色通道，从而维持身体健康。同时我想指出，当心智化运作失败时，个体若只依靠身体释放过量的紧张情绪，是不足以应对巨大压力的。因此，无法对痛苦的情绪体验进行思考容易导致个体身体虚弱，提高其患病的可能性。

本书继承了上一本书"心身一体"的观点，把重点放在"疗愈性思维"

的主要成分上，即关注身体和心灵的共同语言——情绪。读过上一本书的朋友应该记得，"心身一体"这一概念有两个主要思想流派：一个是神经科学；另一个是受精神分析启发而孕育出的心身医学。这两个流派持有一个相同的观点：身体和心灵是不可分割的，二者共同运作。但两个流派对心灵的定义不同，神经科学把心灵归入大脑，而心身医学则为主观性提供了更多空间，神经科学的快速发展预示这两种观点趋于接近。如今，研究大脑功能的新兴技术层出不穷，这些新技术揭示了个体身体与心灵之间的紧密联系。情绪、意识、认同感和自我发展等都是人类的主观表现，神经生物学针对这些表现展开研究，强调了主观性的重要性，并证实了主观性对个体的身体状态有重要影响。此外，研究人员还强调人际关系在大脑发育过程中起重要作用，并重申人际关系在治疗各种精神疾病和身体疾病时扮演重要角色。在本书中，我会介绍神经科学是如何为心理学和精神分析理论提供生物学基础，以及重新对它们加以审视的，以便我们更好地理解人类的身心功能。

在《疗愈性思维》中，我强调了心理的意义，具体地说，心理调节功能的失败十有八九会影响个体的身体健康状态，导致疾病的产生、发展及反复。"心身一体"的观点也适合被用来分析一些令人痛苦的心理疾病。目前，科学界对儿童精神疾病、抑郁症、多动症等疾病的生物学基础了解得越来越多，越来越倾向利用化学药物治疗以上疾病。神经科学界没有否认这些治疗方式的有效性，也不否认这些疾病可能与遗传因素有关，它只是通过展示心理和情绪在治疗疾病中的地位，强调了心理现象的复杂性。生物学也证实了心理因素的重要性，提醒我们不要过度依赖生物学方式缓解内心的痛苦。身体和心灵相辅相成，就像一枚硬币的两面。为了进一步说明这一点，下文我会列举各种案例，对一些心理、生理疾病进行分析，并解释个体的思维、情绪与身体之间存在何种联系。

在生活中，有没有哪些情绪是"好的"，需要被培养；有没有哪些情绪是"坏的"，需要被摒弃？一些完美主义者希望自己的身心都处于最佳状态，导致他们习惯性地高估那些能使自己处于状态良好的情绪，下意识地拒绝那些会让自己不舒服的情绪。所谓的消极情绪往往伴随着压力状态，被视为万恶的敌人。然而，这些情绪很重要，排斥它们反而会使问题更加严重，若我们因为悲伤而羞耻，因为羞耻而愤怒，因为愤怒而内疚，最终压力倍增，则容易陷入一个恶性循环，使自己身心俱疲。最好的做法是，我们先把这些敌人安抚好，与它们联手，而不是一碰到它们就躲开。

为了更好地了解各种情绪，在对这个问题进行一番思考后，我们将潜入奇妙的情绪世界。情绪是如何在体内落地生根的？它们有哪些作用？了解感觉和情绪之间的区别能让我们更好地理解思维、记忆和情绪之间的联系。无论遇到的是积极情绪还是消极情绪，我们都要学会应对，这对我们的身心健康十分重要。此外，本书会有一章专门讨论睡眠与梦，当个体的情绪被整合进长期记忆，疗愈性思维达到最佳工作状态时，梦境就会出现。

当消极情绪成了敌人，我们会有一整套武器来对付它们。一些防御机制会剥夺我们对感觉进行思考的机会，而思考有疗愈功能，当它被剥夺，我们的身体会不舒服，这种不舒服感如果持续存在、不断增强，将导致失衡。痛苦有其生理的一面，也有其心理的一面，如果我们同时对这两方面进行反思，就能理解抑郁症、慢性疲劳和身体疼痛的身心机制。

当疾病来袭或精神上的痛苦久久不散时，个体康复的关键是心怀希望。但仅仅有希望就够了吗？思维对于缓解身体紧张有重要作用，除此之外，它还有什么作用呢？本书会有一章专门讨论人体的自我疗愈机制，其中情绪、想象力和心理都起着重要作用。在明白处理情绪的重要性之后，本书最后一章会介绍一些工具，我们可以使用这些工具学习如何与情绪和解，从而让情绪成为我们的朋友。

目录

▼ 第一章　奇妙的情绪世界

ONE

每个人都有软弱的时候，

能哭是件好事，

哭往往是一根救命稻草……

——若泽·萨拉马戈（José Saramago）

《失明症漫记》

在工作中，我们往往对那些影响工作效率的情绪持批评、指责的态度。一旦一个人被悲伤拖慢了工作节奏，他马上会被认为是"情绪低落，意志消沉"的，他必须立刻踩刹车，进行一番调整。恐惧和焦虑会使人陷入瘫痪状态或引发不当行为，它们不仅会引发自责，还会使当事人受到周围人的指责，被多数人视为弱点。面对各种攻击行为，进行价值判断总是更容易，这不仅因为攻击行为会扰乱合作精神，阻碍生产力，还因为攻击行为不符合大多数人心中的道德准则。人们常将攻击行为与恶劣行径联系起来，对其加以谴责。有一点必须说明，只有一小撮人会滥用手中的权力肆意"搞破坏"，这里的破坏包括战争、无端的侵略行为、蓄意破坏等。不过，在特定场合下，产生攻击性与在冲动之下"实施暴力行为"之间存在很大差异。

由于大部分人倾向于贬低这些消极情绪，很多人开始讨厌消极情绪，将它们视为敌人，要与之斗争，并且希望只感受所谓的积极情绪。有些人甚至一产生消极情绪就感到恐惧或内疚，会不惜一切代价地摆脱、遏制、压抑这些情绪。

不过，谁又敢夸口说自己总是心情舒畅，常年积极、乐观？遇到挫折时偶尔愤怒，面对困难时感到焦虑，遭遇痛苦之事后一时萎靡不振……这些都是正常的情绪反应，它们与喜悦、自信和爱一样，都是生活的一部分。每一种情绪都有它的作用，若我们排斥某些情绪，故意忽略它，等于主动屏蔽情绪要传递给我们的宝贵信息。想更好地适应环境，我们就应该欢迎每一种情绪，和它联手，听一听它想告诉我们的究竟是什么。本书第一章旨在令我们更好地了解情绪，欣赏每一种情绪的价值。

情绪如何影响我们

情绪每时每刻都在影响我们的精神状态，对我们来说，它们既熟悉又神秘。该怎么解释我在上床睡觉时心情还比较平静，醒来后心情就不好了？是什么让我突然变得不客气、无缘无故地暴躁起来？为什么这件艺术品让我不寒而栗？某一天，我走在大街上，周围一片太平，为何我的心中会突然升起一股焦虑感，它从何而来？

情绪总是想来就来，其速度之快让我们感到惊讶，有时这位不速之客还会让我们陷入尴尬境地。比如，在台上讲话时，台下有很多听众，我们的眼泪却不受控制地流了出来；在向心仪的人表白时，我们会突然怯场，使得告白潦草收场。

神经科学家安东尼奥·达马西奥（Antonio Damasio, 2003）对情绪和感觉做了区分，这是人体在经历特定生物过程后会产生的两种反应。外部刺激，比如与人见面，或内部刺激，比如对过去事件的回忆，都会自动、无意识地触发个体全身性的生理反应，而这些生理反应是由大脑控制的，这便是情绪；当个体发觉内部的变化时，便"感觉到了情绪"，此时大脑更高层次的结构会对其进行干预，这种干预不是自动的，而且不一定会发生。

引起情绪变化的原因有时很明显，但更多时候是不清不楚的。比如，在一个愉快的夜晚，一阵莫名的伤感袭来，我们该如何理解这种伤感？当别人发现我们不对劲并询问为什么时，我们自己也很难解释究竟发生了什么。有时，为了证明这种情绪是合理的，我们自己给出的解释和真正的原因大相径庭。感觉会慢慢发生改变，如果我们和一个人相处的时间长了，会日久生情；也会突然改变，比如当我们听到一个坏消息时，心情会立刻变差。

有时候，一种感觉会压倒我们的意识。这时，即便有证据能够表明这种感觉多么不合理，理智也无法拖住它的脚步。另一位神经科学家约瑟夫·勒杜（Joseph LeDoux，2005）给出的解释是，位于人类大脑右半球的情绪系统比位于左半球的认知和语言系统要强大。如果一种感觉出现了，但它没有通知大脑，它就可以跳开意识，让我们对刺激做出情绪反应，而我们自己毫不知情。然后，往往是另一种不舒服（如头痛、思绪混乱、难以找到合适的词语进行自我表达）使我们意识到，有些事情发生了，我们不知不觉地被扰动了。由于情绪的推动力很强，所以我们偶尔会做出一些自己也无法解释的事，比如莫名其妙地说了一些不恰当的话，把钥匙落在了某个地方，或者在常规工作中犯了错误。对逻辑的需求促使我们寻找理由来证明这些情况具有合理性，但这个理由可能和事实相去甚远。勒杜表示，研究人员在对右脑和左脑之间的沟通进行研究后发现，人们常常不知道自己为什么做某件事。大部分时候，负责情绪和行为的大脑回路都在无意识地运作，因此我们常用"无心之失"表示自己无意识间犯下的错误。精神分析界学者认为，我们的动机和行为往往是靠无意识驱动的，神经科学界学者也为这一理论提供了支持。

情绪的丰富性

人类的情绪是丰富多样的。在将所有情绪一一列出前，我们有以下几种情绪分类的标准可以参考。这些标准中，有些是基于情绪对机体能量动态平衡、内部环境稳定性的影响进行分类的；有些则是基于个体情绪的特征，例如恐惧、惊讶，或与人交往时的感受，例如爱、怜悯、愤怒等进行分类的。本书的主要观点是"心身一体"，为了尊重这一观点，更为了解释清楚思维和情绪之间的关系，我选择使用达马西奥的分类方式——以大脑处理情绪的方式为标准进行分类。

每个人都经历过正常的情绪波动。我们有时精力旺盛、活力四射，有时被疲劳、沮丧压垮，有时平静，有时不安，有时紧张。达马西奥（2003）把个体的这种整体状态称为背景情绪。我们的肢体动作、面部表情、肌肉张力和语调都能透露这些情绪，我们无须用语言表达它们，它们也会自动告知大脑我们身体内部的紧张程度。在大多数情况下，这些情绪是由我们的内部刺激，比如心理冲突等所引发的。背景情绪每时每刻都在变化，我们不要将它与心境混淆了。心境反映的是个体的人格状态或气质类型，比如有人是乐天派，有人动不动就伤心，有人一辈子都在焦虑。当心境发展到一定程度，引发破坏性行为时，个体将产生心境障碍，抑郁症和躁狂症是两种比较典型的心境障碍。从这个定义来看，人们常说的"心情好坏"多指的是背景情绪，而不是心境。

除了背景情绪，我们还会出现其他情绪。初级情绪是遗传密码的一部分，它包括恐惧、愤怒、厌恶、惊讶、伤心、喜悦和好感，初级情绪由反射触发，这类情绪是可以通过学习调整或调节的。例如，即使是婴儿也会害怕潜在的危险，如突然出现的噪声或物体等。通过学习，孩子会调整对恐惧的反应或产生新的恐惧。所以，一个被温暖的情感连接保护的孩子，在遇到公平、慈爱的领导者时不会害怕，他只会害怕那些明显有暴力倾向的人。相反，从小没有享受过父母的爱或在小时候遭受过暴力对待的孩子，长大后变得害怕权威人物，即使他们并不存在威胁。某些初级情绪在发展过程中会演变为更复杂的情绪，好感会演变成爱，愤怒则会呈现不同的层次，比如恼怒、怨恨、愤懑等。

暴怒等。

次级情绪，也被称为社交情绪，是个体通过体验获得的。个体在出生时便已具备必要的、可以触发这些情绪的神经装置，次级情绪需要等到个体进行人际交流，而且必须是能促使大脑结构发育的人际交流时，才会被触发。只有当孩子充分意识到自己和母亲不是一体的，他才会体会这些情绪。例如，幼儿在 12 ~ 18 个月大时才会产生羞耻感。这时候，孩子才有足够的意识把自己的情绪和某些情况联系起来，这些更微妙的情绪往往被转化为感受。在这一类别中，我们发现同情、尴尬、羞耻、内疚、骄傲、羡慕、嫉妒、感激、愤慨、蔑视、希望、绝望，以及所有通过学习调节出来的初级情绪间，都存在细微差别。很多情绪都是人类系统发生①的遗产，不仅人类有这些情绪，动物也能体会快乐、悲伤、同情、愤怒、羞耻等情绪，只不过人类的感受范围要宽得多，具体感觉也微妙得多。复杂的次级情绪，比如羞耻感或内疚感，是由人类的意识在对特定体验进行评估以后产生的，大脑的高级中心之一 ——前额叶皮质，便负责这方面的工作。一些进化程度更高的情绪，如希望，则需要左脑的参与。对特定情况进行理性思考，比

① 系统发生：生物物种的进化史。它表明高等物种继承了低等物种的特征，且其在低等物种基础上添加了新的功能并对其加以整合。——编者注

如明白治疗能产生好的效果，将帮助我们增强对康复的信心。次级情绪可以由事件或情景触发，也可以由记忆或心理表征触发，其身体表达是我们在很小的时候通过观察和模仿父母习得的。

积极情绪与消极情绪

近年来，一些关于情绪会给人们带来哪些影响的科学研究表明，快乐、希望、爱、认可、宽恕等情绪一般伴随有利于健康的生理状态，能使人们感到舒适，帮助他们摆脱痛苦。相反，失败主义心态及恐惧、悲伤、羞耻、愤怒、怨恨等情绪则会引发内部斗争，抱有这些情绪的人的身体常处于压力过大的状态，他们会有不开心、不舒服甚至痛苦等感觉，这类感觉和压力如果持续存在，人体就成了疾病的温床。负责维持平静和良好状态的情绪被称为"积极情绪"，而带来压力的情绪则被称为"消极情绪"。不过，我必须补充一点，所谓的积极情绪如果程度过于强烈，也会带来压力。所谓乐极生悲，便指人在巨大的快乐之后会突然感到异常紧张，导致头晕甚至引发心力衰竭。另外，过度激动、不受控制的狂喜，也会导致一种精神疾病——躁狂症的产生。请注意，以上所谓的"积极"和"消极"是按照情绪造成的生理影响划分的，我们绝不能据此对情绪进行价值评判。自发产生的情绪原则上既不好也不坏，它仅仅是一种存在，且带着目的而来。

情绪的作用

如果情绪每时每刻都与我们共存，无时无刻不在影响我们的生理状态，那么它一定有重要的作用。情绪的作用是多种多样的，它们的目的是让我们更好地适应日常生活。我们的大脑在我们出生时，便配备了一些便于我们迅速应对生存问题，无须思考和推理的功能。比如，当我们遇到突发危机时，我们的大脑可以立即决定应该采取哪种行动，是逃跑还是攻击，而不需要等我们对情况进行深入分析。你在开车遇到障碍物时会突然刹车就属于这种情况：还没等你意识到发生了什么，刹车这个动作就被触发了。这里，主导我们做出生存反应的是恐惧。所以，情绪的作用是快速评估当前的情况，分析这个情况存在哪些危险或可能带来哪些好处，并立刻给出反应。当一个刺激突然出现时，即使我们还没来得及意识到相关情绪，它仍然是大脑在对外部世界或内部现实进行评估后产生的。不管我们是否意识到情绪在工作，它都像一种警报，时刻指导着我们的行为，同时也是行为背后的强大动力。有了情绪，我们的逃跑和战斗等行为才得以被激活。

情绪对评估和决策的影响

长期以来，人们觉得情绪"害人不浅"，因为它会影响我们的思维能力[①]。17 世纪，哲学家勒内·笛卡尔（René Descartes）将理性与激情对立起来，认为激情不利于使人保持理性。他认为，我们必须驯服激情这种动物性特征，培养智力，因为智力象征人类的尊严，也是人类优越性的终极证明。即使在今天，也有人认为情绪会干扰判断力，一个人最好不要过于情绪化，应该理性行事。他们将情绪视为奢侈品，认为积极情绪多少能够督促人们认真思考，属于一种奖励，而消极情绪是彻头彻尾的干扰项。

我们若想更好地了解情绪在执行理性行为，比如在判断或决策中所起的作用，则需要先为情绪"正名"。人生路漫漫，充满不确定性，我们需要根据大量不清不楚的、互相矛盾的信息预见后果，找出解决办法，做出行动计划并采取行动。比如，在选择职业、寻找配偶、决定要不要分居、与人发生冲突时，我们若想做一个决策，需要经过一系列复杂思

---

① 思维能力：人们在工作、学习、生活中遇到问题时，总会"想一想"，"想"的过程就是思维。思维能力是一个人通过分析、概括、比较、具体化和系统化等过程，对感性材料进行加工，将其转化为理性认识并用其解决问题的能力。思维能力是个体学习能力的核心，它包括理解力、分析力、概括力、抽象力、推理力、论证力、判断力等能力。——编者注

考。达马西奥在《笛卡尔的错误：情绪、推理和大脑》一书中描述道，人类的大脑有多个神经系统，它们有的控制情绪，有的控制身体功能，都为了人类的生存而服务。这几个神经系统协同工作，当涉及对人际关系进行判断时，我们的情绪不一定是非理性的；相反，在大部分情况下，情绪与我们面临的情况是相适应的。明确了这一点，我们就会知道自己的身体发生了什么，环境在如何影响我们。因此，情绪是我们的向导，支持我们的直觉智能。我们的感受与过去的经历有关，情绪能帮助我们考虑更微妙的部分，即事情背后的一面，让我们了解其他人的感受并预测他们的反应。

当然，过于强烈的或者不恰当的情绪有时确实会干扰我们的思维能力。比如，我们有时会一气之下决定辞职，或者和交往多年的恋人分手。一旦怒火平息，我们也会意识到错误，后悔自己太冲动。缺乏情绪的情况则更糟糕。我们的大脑有专门触发情绪的部位，科学家们观察了这一部位受损的患者，发现个体的情绪反应能力出现问题可能是其产生非理性行为的根源。达马西奥举了两个例子，某人在发生事故后触发情绪的部位受到损伤，他盲目地相信所有人，明明会亏的生意也照做不误，而此人以前绝不会这样；另一个患者同样是这个部位受损，对妻子的感受毫无同理心，这使得他原本美好的婚姻关系受到破坏。所以，当我们面临不确定、复杂的情况时，情绪虽然有可能会出错，但它能为我们提供不容忽视的信息。

反思能引发情绪。比如当我们想象自己的行为会产生哪些后果时，会回忆起以前经历的、类似的情景，情绪便由此产生了。达马西奥把由思维和记忆引发的情绪称为"躯体标记"。躯体标记是我们通过体验获得的，它就像一个警报器，会引导或阻止我们采取某个行动；它也可以在没有意识干预的情况下被激活，在这种情况下，我们已经不记得原始事件的具体情况，但由于情绪产生了，大脑会把我们之前的体验考虑在内，从而指导我们的行为。我认为，在做决定时，我们自己大概率没有意识到情景或躯体标记引发了情绪，大脑却早已将情绪因素考虑在内。这种现象可能是直觉智能的来源，推动我们在没有对问题进行理性思考的情况下做出决定。

情绪和思维是协同工作的。情绪被触发后，会像反射一样，在记忆的帮助下无意识地对外部刺激进行评估。随之而来的反应在紧急情况下可能是合适的，但在其他情况下又可能是不合适的，因为这些反应都是个体在无意识状态下习得的，没有考虑原始事件与当前情况之间的细微差别。相比之下，有意识的思维就显得很重要。感觉会延长情绪影响我们的时间，使情绪渗透意识。这就是和心爱的人吵架后，悲伤和愤怒会在我们的心里徘徊好几小时的原因。情绪在我们的心中逗留，为大脑形成心理表征提供了时间，从而使我们的思维能够更好地分析情况，指导我们做出反应。此外，情绪和图像主要是由右脑产生的，左脑负责更为理性的部分，左脑与右脑交织成一个网络，当左右脑协同工作时，我们若掌握足够的信息，就能做出更好的判断、更明智的决定。

情绪对沟通的影响

你怎么知道爱人现在是否有时间和你严肃地谈谈或来个浪漫约会？哪些迹象表明同事需要你的支持，哪些迹象表明你最好不要管他？是什么让你发现你的孩子遇到困难了，需要关心、安慰，即使他什么也没和你说？大部分时候，我们会通过面部表情、肢体语言等一系列小线索识别周围人的情绪状态，并调整自己与他人互动的方式。

情绪对于沟通而言至关重要。我们在与其他人接触的过程中，一旦遇到"风吹草动"，情绪就会自发地出现，并通过内脏、骨骼和肌肉组织等以躯体形式表达出来。我们可以通过身体姿势、动作的快慢、眼部活动、面部肌肉等来识别背景情绪。虽然情绪的肢体表达在很大程度上不受我们控制，但它们是可以习得的。如果说感觉是内在的，那么情绪就是外在的、肉眼可见的。我们的面部肌肉可以表现愤怒或悲伤，在听到坏消息时，我们的脸会"唰"地一下变白，在羞愧或害羞时，我们会满脸通红……喜悦、悲伤、恐惧、沮丧等还可以通过行为表现出来，如冒汗的手心出卖了我们焦虑的心情，哭泣见证了我们的痛苦等。

情绪的肢体表达也是由右脑负责的，我们的右脑会自动地、无意识地触发情绪、感知情绪，并把情绪记录下来，这一切有时是在我们毫不知情时发生的。肢体交流往往比语言表达更重要，它可以传递同情、厌恶等信息。有时，在一个人还没有开口时，我们可能就猜到了他想说什么，那是因为他的情绪状态通过肢体语言表现了出来，给了我们不少线索。

克里斯托夫·德茹尔（Christophe Dejours，2001）是一名精神分析师和心身医学专家，他用术语"表达性行为"来表示这种由情绪引发的、不受控制的肢体表达。"表达性行为"反映了我们在人际交流中运用肢体的方式。在人际交流中，肢体表达总是胜于语言表达，甚至我们的身体有时比我们更早一步意识到情绪。"表达性行为"从不说谎，当我们想掩饰内心的情绪波动时，身体会背叛我们。所以，有时一个人嘴上说他没有生气，但浑身都散发着愤怒的气息，其他人一眼便能看出他的真实状态。

"表达性行为"是婴儿在被成年人照顾的过程中以及在与成年人开展亲子肢体互动的过程中，通过情绪对话习得的。因此，它带有那个成年人（照顾者）所特有的、原始的心理功能标记，并反映了他对不同情绪的舒适程度。通过这些交流，婴儿开始体验自己的身体感受，发现自己的情感，并根据在照顾者身上发现的东西，学习以一种非常个人化的方式去传达他自己的情绪状态。每个人表达情绪的能力不一样，有些人可以轻松地表达欲望、温柔、攻击、悲伤、喜悦，有些人则不然，一个人的手脚笨拙、不自然、肢体僵硬、发冷等状态都可以反映他在情绪表达能力方面的不足。"表达性行为"能够让我们控制对情绪的表达，若我们这方面的功能存在不足，便容易有冲动行为。"表达性行为"的缺失还会引发沟通障碍，引起误解。

情绪对健康的影响

为了调节身体，维持体内的动态平衡，我们的大脑会触发一系列机制，减少我们内在紧张的程度，并且大脑在争取降低我们的紧张水平，使我们保持良好、平静的感觉。个体被触发的一系列机制中，有一项便是情绪。我用一张图来描绘人类体内的动态平衡调节机制，其具体过程可简述为：一个反应被整合到更复杂的反应中并为其服务，这种整合是层层递进式的（见图 1-1 ）。

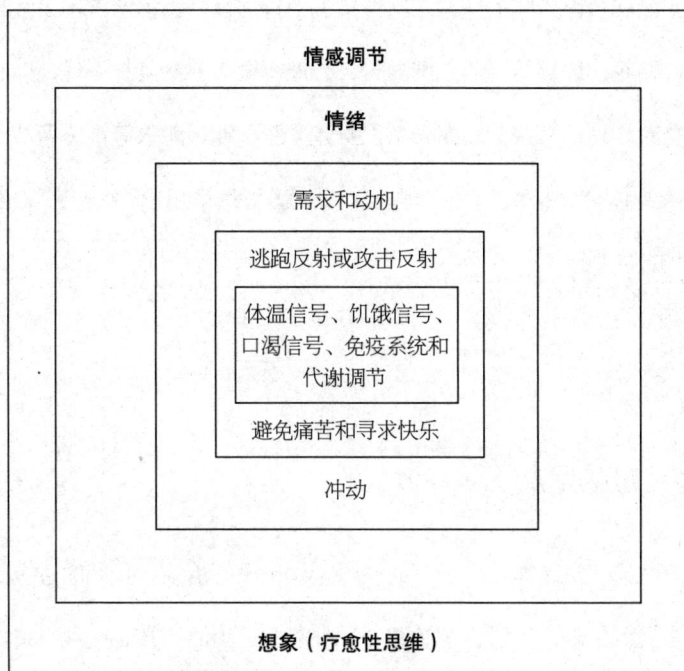

图 1-1 动态平衡调节机制嵌入图

这一递进结构的基础是体温信号、饥饿信号、口渴信号、免疫系统和代谢调节。面对危险时的逃跑反射或攻击反射，以及旨在避免痛苦和寻求快乐的行为负责协调基础结构，以便我们能更好地适应各种情况。需求和动机会整合以上内容，触发冲动，推动我们寻求满足感。情绪会告诉我们自己具体产生了哪些冲动以及环境对我们身体的影响是什么样的，这将更好地指导我们的行为。情感调节位于这一结构的顶层，负责优化令人愉快的情绪，让我们处于一个良好的状态，并最大限度地减少令我们不舒服的情绪。因此，我们能否保持健康和平衡的状态，取决于我们应对正面和负面影响的能力。当情绪调节进展良好，情绪既不太强也不太弱，在我们能够承受的范围内时，心理图像[①]将顺利地浮现，而心理图像是对心理的翻译。情绪会引发身体紧张，通过想象等情感调节，我们将为身体紧张提供一个心理出口，这就是我将想象称为"疗愈性思维"[②]的原因。

情绪：是敌是友

大部分时候，情绪能适应当下的情景。如果没有情绪，我们的适应能力会严重受到影响。不过，情绪妨碍思维能力、歪曲认知、扰乱心绪等的情况也并不少见。无缘无故的恐惧会让我们无法思考；讨厌一个人，就

---

① 心理图像：源自心理图像理论，即一种传播效果理论。沃尔特·李普曼（Walter Lippmann）认为，媒介信息能影响人脑海中世界的固有图像，受众在接收、处理新信息时会参考由以前的信息所建构的意象。此外，人的心智与外部时空、个人关系、自然现象和情感等因素间有一种互动特点，个人体验事物的效果也受心理图像影响。——编者注

② 参考莫妮卡·布里永的《疗愈性思维》，蒙特利尔，Les Éditions de l'Homme，2006。

将他全盘否定；喜欢某个东西便冲动消费，事后追悔莫及……情绪的平衡是脆弱的，有很多因素可以打破这种平衡。有时我们被强烈的情绪所淹没，产生紧张感，理智消失了，我们会无法控制自己的行为。在极端情况下，情绪还会引发精神障碍，比如，过度的悲伤会引发抑郁，狂喜会引发躁狂行为。当平衡被打破，珍贵的情绪就很容易变成我们的敌人。接下来我们一起来看一看情绪是如何从朋友变成敌人的。

恐惧

每个人都感受过恐惧，如在人少的地方走夜路或者来到一个陌生的环境时，在一场虚惊之后，恐惧便被引发。我们都很熟悉恐惧的身体表现：心跳加速、呼吸短促、皮肤发白、双唇颤抖、肌肉收紧。我们体内的每一个变化都会让身体做好逃跑的准备，这些反应也是由基因编程的。如果我们无法逃跑，或者恐惧感太强烈，则会出现另一类反应：四肢无力、括约肌松弛，甚至出现胃痛、木僵等反应。

勒杜（2005）认为，我们之所以遇到危险会逃跑，是因为觉得待在原地不动可能更糟糕，其实我们错了。研究人员发现，我们的大脑不需要对事件进行有意识的判断就能对恐惧做出反应，因为识别刺激、对其引发的情绪进行评估，这两项工作在大脑内部是被分开处理的，大脑在识别物体之前便能评估风险。所以，如果我们一见到熊就跑，是因为我们在认出熊之前就已经感到害怕。恐惧甚至可以完全发生在意识之外：我们不知道自己在躲避什么，也不知道自己为什么会逃跑。不妨回想一下，你有没有如下经历：突然有想离开某个地方或某个人的冲动，这种冲动来势汹汹，突然到连自己都无法理解。

恐惧是一种初级情绪，它在我们出生时就已经像程序一样被设定好，我们在婴儿时期就能感到恐惧。有些刺激会自动触发恐惧，比如突然的噪声或爬行物体的出现。但是，我们对恐惧的大部分反应是后天习得的，即我们学会了怕火、怕高、怕尖锐的东西。体验能调节我们对恐惧的心理表征①，并使感受更丰富，所以我们在长大以后可以感知不同类型的恐惧。比如我们会在上台前怯场、感到焦虑、被吓呆，或又害怕又兴奋；再比如当我们乘坐旋转木马或者参加比较危险的体育活动时，也会感到恐惧。

无法调节恐惧常常会导致一些精神疾病或情绪障碍，慢性焦虑便是其中

---

① 心理表征：认知心理学的核心概念之一，指信息或知识在个体的心理活动中被表现和记载的方式。表征是外部事物在心理活动中的内部再现，因此它一方面反映客观事物、代表客观事物，另一方面又是心理活动进一步加工的对象。——编者注

之一，具体表现为一个人会过度、不断地担心一些琐碎的事。恐惧症（怕狗、怕黑、怕蜘蛛等）是一个人因对不构成真正威胁的情况或物体感到过度恐惧而习得的反应。有些恐惧来自个体过去不美好的经历，有些可能来自信念，比如迷信（怕黑色的猫、怕走在梯子下面），也有些恐惧的产生源于个体的内心产生了会被良心谴责的冲动或想法，他的大脑为了避开这些冲动而无意识地启用了防御机制。我有一位女性来访者患有刀具恐惧症，她住的地方不能有刀，经过沟通，我发现她与丈夫失和，她曾想过伤害丈夫，并被自己这一想法吓坏了。患有刀具恐惧症恰恰保护了她免受牢狱之灾。惊恐发作常伴有强烈的焦虑感，这种发作既不可被预测，又与触发焦虑的情况无关。发作期一般较短，患者有窒息感，且他们常常误以为自己是心脏病发作。创伤后应激障碍则发生在枪袭或交通事故等创伤性事件之后，当经历过不幸之事的患者再遇到与该事件类似的刺激时，会迅速产生强烈的焦虑情绪，尽管该刺激与相关事件的威胁程度截然不同。比如遭遇过交通事故的人再听到刹车声会害怕，抢劫案或强奸案的受害人看到与作案人头发颜色相同的人会恐慌。

愤怒与攻击性

在人类所有的情绪里，愤怒是最令人头疼的情绪之一。当愤怒破坏了人际关系，或者当我们愤怒的程度远远超过事件本身时，我们会觉得尴尬、后悔。对有些人来说，如何处理愤怒是一个大问题，攻击性会带来高强度的能量负荷，我们的心血管系统、呼吸系统、肌肉系统等都可以感受到这种负荷：胸口仿佛有股气在翻腾、满面通红、血液循环加速、鼻翼扩张、肌肉紧绷、下巴收紧……这些感觉想必大家都不陌生。

与恐惧和逃跑一样，攻击性和攻击行为也是人类从一出生便有的"程序"，只要出现对生存构成威胁的事物，我们的暴力情绪就会被点燃。"暴力本能"一词就是用来表示这种被从生物链底端继承而来的遗传现象。我们所感受到的攻击性或多或少包含这种与生俱来的本能。此外，我们所在的社会为了抵制暴力带来的不良影响，制定了各种各样的规则，教育指导我们克制愤怒，鼓励我们通过更理性的方式，如心理途径，来表达情绪。但是，为了防止心理功能在夜晚被关闭，这个由基因设定好的程序会于快速眼动睡眠期被重新激活。所以，每当暴力被唤醒，我们的生物本能和教养之间就会产生冲突。生物本能驱使我们直接采取攻击行为，而教养则提醒我们克制自己的言行，寻找特定的方式压抑愤怒和攻击性。我们的适应能力、心身平衡程度都取决于我们自己找到了哪种方式 [①]。

我们的思维方式受到环境的影响，不仅会谴责攻击行为，也会谴责攻击性。谴责引发内疚，使我们将攻击转向自身，导致情绪低落；或进一步压抑攻击性，导致内部紧张增强，长此以往，情绪会对我们的身体产生不利影响。其实，攻击性是一种非常重要的情绪。事实上，为了调整对环境的反应模式，为了做出明智的决定、恰当的判断，我们必须考虑生存的必要性，恐惧感和攻击性情绪不正是起了这方面的作用吗？此外，攻击性情绪还有一个功能，就是支持我们用合理的方式表达自我。若想要在人际关系中感觉舒服，有一点很重要：既顾及他人的感受、尊重他人的需求，又能保持自我。愤怒是在告诉我们，自己有些很重要的利益被侵犯了，如果我们还想和对方维持良好的关系，不产生冲突，那么应该选择用合理的方式表达自我，清晰地告诉对方自己的边界在哪里。

[①] 此话题可参考克里斯托夫·德茹尔的《对身体的精神分析研究》（*Rechérches psychanalytiques sur le corps*），巴黎，Payot，1989，以及《身体第一》（*Le corpsd'abord*），巴黎，Payot，2001。

暴力本能会频繁地爆发，而且爆发的程度比事件本身要深得多。但它同样有它的作用，它虽然不适合当下的情景，但反映了一个人过去的经历。情绪是一种我们无法控制、自发的生理反应，它不会说谎。情绪之所以会出现，是因为过往事件所引发的情绪未被处理，而我们的身体会记录所有的情绪。当下事件之所以引发了情绪，无非因为它揭开了旧伤疤，我们的身体努力地想压抑这些情绪，但它们需要被看见[1]。当下的暴力情绪不管有多么强烈，和现实情况多么不协调，都诉说了我们努力忽视，但非常重要的那部分过往。

有些人身上充满攻击性，整个人正被愤怒和怨恨一点一点地吞噬，什么事情都能让他发脾气，令周围人乃至自己都非常绝望。这样的人往往有"自恋暴怒"[2]倾向，他们的伤口一直没有愈合，所以他们一直在和创伤作斗争，他本人可能意识得到，也可能意识不到这一点。有时，这种痛苦过于强烈，令当事人无法承受，发泄怒火可以保护他们，使他们不去感受痛苦，为了不被绝望的浪潮冲走，他们只能选择暴怒。

---

[1] 个体的神经元能记录下重要的情绪事件，任何激活这些神经元的事件都会刺激海马体，海马体参与记忆和回忆的过程。更多信息请参考《疗愈性思维》。

[2] 自恋暴怒：是精神分析师海因茨·科胡特（Heinz Kohut）于1972年首次使用的一个术语，指自恋者常常因为他人不恰当、不及时的行为或语言大发雷霆。——编者注

难以调节攻击性情绪会引发一系列问题，其中，最常见的问题就是见诸行动。面对来势汹汹的本能，一个人若无法控制自己的情绪，就会产生暴力行为：出手就是一拳、砰地关上门、砸掉东西、毁掉自己的工作成果、找人打架等。见诸行动通过快速释放紧张情绪，阻止了心理表征的产生（心理表征可以为情绪在心理和语言上找到出口）。难以调节攻击性情绪引发的另一个比较常见的问题是抑郁。愤怒情绪如果遭到指责、压制，就会反复出现，并且愤怒者会将攻击方向转向自身：指责自己、贬低自己、攻击自己。压抑攻击性情绪不利于个体维持体内动态平衡，由于无法通过心理途径释放情绪，个体的内部紧张将不断累积，长此以往，将引发功能障碍或身体疾病。

爱与依恋

毫无疑问，爱是一种积极的感觉，当我们体验到爱，会感到幸福、安全、快乐并充满希望。爱是一种社会性情感，由基因编程，但它必须在满足一定条件的情况下才能成长和成熟。人生之初，婴儿被母亲的面部表情吸引，依恋关系由此慢慢形成，并为个体爱的能力奠定基础。当母亲和婴儿之间的互动以积极体验为主时，婴儿就会内化一位慈爱的母亲，认为自己是值得被爱的，并逐渐对情感连接形成心理表征。这些心理表征让他在情感上慢慢独立，使他能够把好感、以自我为中心的需求转变为一种以关心他人为主的、爱的感觉。这些被内化的体验使得孩子培养起以利他之爱为基础的、与其他人建立关系的能力。

如果一个人在婴儿期建立依恋关系时充满痛苦，他就难以形成成熟的情感连接。无法内化一个稳定、慈爱的形象，也就无法实现情感上的独立。即使他已经成年，仍然需要依靠他人调节内在紧张，这会推动其寄希望于伴侣，渴望伴侣给他确定感，由伴侣控制他，安慰他，他无法在情感上独立。依恋障碍削弱了这个人以利他为基础的爱的能力，因为在这种好感里占主导地位的，依然是他对其他人的需要。情感依赖中的爱往往是痛苦的根源，对于正处于情感依赖中的人而言，只要另一方做得稍微不到位，他就会患得患失。占有欲、病态的嫉妒、不安全感及随之而来的无法忍受的孤独感等一系列情绪的产生，都只因个体的爱还不成熟。

喜悦与悲伤

喜悦和悲伤是个体从出生起便有的情绪。喜悦反映了身体的平衡状态和较高的活动水平，喜悦的面部特征为放松或微笑，其对应的肢体语言常丰富而轻松。通过磁共振，我们可以观察到这种情绪激活了个体的前额叶皮质，被试出现活跃的创造性思维，大量的心理表征在不间断地活动，但他本人可能意识不到这一点。这些心理表征的活动对推动疗愈性思维的工作而言很有意义，下文我会详细阐述这一点。若一个人的前额叶皮质失活，便会产生悲伤情绪。悲伤时，个体的思维节奏会放慢，只有极少量的心理表征处于活动状态，但他本人却常对其投以大量的注意力，他的想象力被冻结了。前额叶皮质失活的躯体变化主要为咽喉有紧绷感、流泪、语气沉重、一般活动明显减少。喜悦给人幸福感，悲伤令人痛苦，有时还会带来躯体上的不适感。

与恐惧和攻击性情绪一样，体验能够塑造喜悦和悲伤，并使个体的感受更加丰富。欢腾是在群体中感受到的快乐，是一种情绪传染；狂喜是带着欣赏的喜悦；欣快则象征热情。爱人已离去，回忆往事，当我们想到自己永远地失去了他，会觉得伤感。过度沉浸在悲伤中会使一个人变得冷漠，对周围的一切都提不起兴趣，这就是抑郁，抑郁发展到一定程度会变为精神病性抑郁。过度的快乐同样是病态的，容易引发躁狂症。精力过盛也将给一个人的健康甚至生命带来风险，比如他会过度消费、欠下巨额债务、连续几天几夜不睡觉或从事危险活动。当事人如果身处这些极端情况，除了喜悦或悲伤，还将产生其他情绪，比如攻击性情绪、内疚，临床症状将更加错综复杂。快乐反映身体内部的平衡状态，强烈而持久的悲伤则会影响个体的免疫系统，使人体更容易感染微生物和细菌。当绝望出现，当事人便感觉仿佛走进了死胡同，绝望有时还会令个体罹患致命性疾病。

希望与绝望

希望的反面是绝望。希望和绝望都是复杂的情绪，都会对个体身体内部的动态平衡产生巨大影响。希望能让人处在有利于健康的状态，而绝望则会导致人的机体免疫力下降。一般来说，当希望消散时，绝望便乘虚而入。要想完全理解什么是希望，我们首先要区分什么是真正的希望，什么是过度乐观。过度乐观是基于错觉产生的情绪，即无条件地相信一切都很好、都会继续好下去，无视现实，无视当前情况的严重性。而真正的希望是一种感觉，指尽管前路充满坎坷，但一个人仍然坚定地相信未来会更好。这不是自欺欺人，相反，这是个体审时度势，知道未来会遇到挫折与障碍，但依旧选择保持乐观的表现。

希望是习得的，会受到认知和情感等方面因素的影响。过去的经历多少会影响人对希望的看法。如果一个人的生活经历大部分是糟糕的，那么他很难相信自己会有光明的未来，而那些数次身处逆境又数次经历苦尽甘来的人则更有可能迎来幸福生活。一个从未经历重大考验的人可能因为缺乏经验而难以相信未来，面对困境，他为了保持希望，只能更多地基于自己的认知做判断，这使他的处境变得更为艰难。潜意识也会对希望产生影响，比如某人之所以不允许自己对美好生活抱有希望，是因为他潜意识里仍对过去发生的某件事情感到内疚。

肿瘤学家杰尔姆·格罗普曼（Jerome Groopman）曾多次见证希望在帮助患者从重大疾病中康复的重要性。他写了一本书，叫作《希望的力量：希望在康复中的作用》[1]，阐述希望是如何发挥作用的。他向我们展示了一个人在患有重大疾病时，身体会结合认知与情感，影响他心中希望的强烈程度。神经科学表明，身体会给大脑发送信息，使人产生感觉。因此，从病变器官发出的神经冲动易引发绝望，但如果这个器官发出了表明其有康复迹象的信号，患者有可能重拾希望。同时，了解治疗将带来的积极效果也有助于患者重燃希望、减少恐惧，并更有勇气忍受痛苦，挨过艰难的治疗期。多项研究发现，希望能让患者大脑释放内啡肽，减少疼痛感，从而使其维持好心情，这些都会刺激免疫系统工作，加快患者的康复速度；相反，绝望会导致抑郁，增加疼痛感，阻碍患者

---

[1]　杰尔姆·格罗普曼，《希望的力量：希望在康复中的作用》（ La force de l'espoir. Son rôle dans la guérison ），巴黎，Éditions J. C. Lattès，2004。

的免疫系统正常运转，影响治疗效果。

羞耻感

你有没有过那种恨不得挖个洞钻进去的冲动？你是否曾想避开别人的目光，感觉自己身上哪怕最微小的不足也会被看见和嘲笑？羞耻感是一种令人痛苦的感觉，人们常常会把它与内疚混淆，但二者之间的区别比较明显。内疚反映的是个体认知与个体的道德准则间的冲突，而羞耻感则与自尊和自信方面的冲突有关。当羞耻感来临时，个体会觉得尴尬，有一种强烈的不舒服感，感觉自己在被人观察、被人评论，羞耻感的主要生理表现为皮肤变红。

羞耻感与压力引起的生理反应密切相关，它告诉我们某项社交活动对我们的身体产生了扰动。羞耻感是一种生理机能的亢进状态，特征是出汗、避免与人产生眼神接触、身体意识敏锐、感知能力增强、运动协调性差、认知功能效率低下，容易对他人的感觉和反应产生错误的解读，羞耻感反映了一个人正处于体内平衡失调的状态[1]。

---

[1] 艾伦·N. 肖尔（Allan N. Schore），《情感调节和自我修复》（*La régulation affective et laréparation du Soi*），蒙特利尔，Les Éditions du CIG，2008，p.195。

羞耻感是一种痛苦的情绪，它是由基因编程的，但是这种情绪要等到孩子开始学习走路时，即在孩子 12～18 个月大时才会出现。在这个阶段，孩子开始意识到自己的运动能力大大增强，独立这种特质在他的眼中闪闪发光，尽管他还没有完全具备独立的能力。他振奋不已，伟大的理想悄悄滋生。羞耻感的作用就是帮助他意识到自己仍存在局限性，需要根据社会环境调整自己的行为，这打破了他的全能幻想。羞耻感让他震惊、痛苦，使得他的自尊心受到伤害，所以孩子常常会通过大发脾气保护自己。然而，适当的羞耻感能帮助孩子对自己的长处和短处进行实际的评估，发展出健康的自尊心。

在成年人的世界里，羞耻感在人际交往中扮演微妙的角色。当一个人的理想自我和现实自我之间存在很大差距时，羞耻感就会被触发，使其对自己的无能或无力感到痛苦。在合适的情况下出现羞耻感，会让一个人认识到自己的行为或想法的不合理性，帮助他重新调整自己的期望值。羞耻感调节失败会导致自恋障碍，其主要特征为低自尊，当事人会感觉自己没有价值、不值得被爱，但现实未必如此，因为羞耻感和一个人真正的才能往往不成正比。羞耻感，尤其是强烈的羞耻感，是一种令人难以忍受的情绪，所以它常常是防御机制的目标。在这些防御机制里，有一项便是当事人会基于一种不切实际的全能感创造一个无所不能的自己的心理表征。我们不会轻易地意识到这种心理表征，它也会阻碍心智化运作过程，而只有心智化运作才真正有助于消除羞耻感。

内疚

内疚是一种非常复杂的情绪，它反映了爱和攻击性之间的冲突。当个体感觉自己对所爱的人说了伤人的话或做了伤人的事时，内疚就产生了。内疚是一种进化程度比较高的情绪，等到孩子意识到自己对他人的依赖与爱，希望保护他人，产生希望他人能免受自己攻击的冲动时，也就是在孩子 2 ~ 2.5 岁大时，内疚才出现。

能适当内疚是一个人情感成熟的标志，也是一个人建立健康的人际关系所必需的能力。在健康的人际关系中，爱以及对补偿的渴望会占据主导地位，在这种情况下，内疚不会对心智化运作造成强烈、持续的影响。相反，内疚可以促进个体内在的成长，因为它顾及了人与人之间固有的、细微的差别。

有时过度内疚会让人受不了，根本没什么可自责的，自己却莫名地对周围的一切感到内疚。同时，当事人要压抑强烈的攻击冲动，容易产生焦虑和痛苦的情绪。还有一些人，自己明明没做错什么，却不断地内疚、自责，而且对他人不带有一点攻击性，比如有些创伤性事件的受害者深信自己应该对事故或犯罪行为负责。在《EMDR[①]：一场治疗的革命》（*EMDR. Une révolution thérapeutique*）一书中，雅克·罗克（Jacques Roques）对这类现象解释道："为了解决问题，我们的大脑需要找到一个意义，并把它整合到记忆和体验里[②]，但创伤性事件本身并没有意义。"在努力寻求意义的过程中，大脑会使我们责备自己，把责任都归结到自己身上。好像这样一来，我们就可以掌控那些无法掌控的事。其具体逻辑是："因为我对事件负责，所以自己当时如果怎样怎样，就可以改变事件的走向"。这样的思维方式显然是错的，一方面，事情已经发生了，我们无法重新来过；另一方面，这是一种错觉，即自己好像是全能的，这其实是否认事实的表现。即使我们什么都没有做，事情也有可能发生，而且责任可能在于他人。由于这些解读并非基于现实情况，我们的思维便无法工作，我们找不到心理出口，就会反复揣摩这些想法、殚精竭虑，停不下来。

在本章，我们一起探索了奇妙的情绪世界，了解了情绪在日常生活中的

---

① EMDR："眼动心身重建法"（Eye Movement Desensitization and Reprocessing 的简称）。这是一种可以在短短数次晤谈之后，便可在不用药物的情形下，有效减轻个体心理创伤程度，并帮助其重建希望和信心的治疗方法。——编者注

② 参考《疗愈性思维》第六章。

作用。现在我们已经认识到，情绪对个体体内动态平衡产生根本性影响，为了提高自身的适应能力，我们必须好好调节情绪，为想象创造必要的心理表征。同时我们也看到，当一些常见的情绪变得过于激烈时，便会变为"敌人"，影响我们的身心健康。和情绪建立同盟关系十分重要，无论是积极情绪还是消极情绪，我们都要学会如何妥善应对。接下来，让我们潜入情绪生理学的核心，下面这段旅程将帮助我们更好地了解情绪是如何调节内部紧张的。

▶ 第二章　情绪和感觉

TWO

只有在母亲的怀抱里，

才能找到我的地平线。

尽管她的脸上，

飘下了第一场痛苦的雪。

——米歇尔·普劳（Michel Pleau）

《世界的缓慢》

在解释想象是如何起到舒缓情绪的作用之前，我们需要进一步加深对情绪的认识。让我们继续探索迷人的情绪世界，更深入地了解身体，看看我们的身体是如何运作的，为什么我们不能时时意识到它，以及身体是如何创造心理表征的。情绪可以在体内迅速蔓延，该过程涉及多个生理反应链、大量的脑部结构、众多神经网络以及多种化学物质，比如激素等，过程十分复杂。要想利用好情绪，掌握情感调节的方法至关重要。在本章，我会给大家讲解婴幼儿是如何学习处理情绪的。

情绪脑

大脑的左右两半球各有各的作用和优势，这一点我们并不陌生，但通过磁共振我们会发现，大脑的构造比之前想象得还要精密得多。左右两个半球实际上是两个不同的大脑，由特定的神经连接贯通，而不同的神经连接功能也不同。右脑更擅长创造心理图像，触发情绪和身体表达，使我们能够无意识地解读他人的面部表情和语气所传递的情绪。因此，右脑负责非语言交流，而非语言交流正是由情绪主导的。右脑在直觉、智力、同理心和应对压力这几个方面发挥作用，并负责帮助我们建立自我形象，即解决"我是谁"的问题。右脑传递信息的方式主要为反射和无意识，传递过程遵循类比和隐喻的规则，类比和隐喻负责创造心理表征。科学家们由此假设，右脑是精神分析中的无意识领地，负责无意识交流。右脑让我们产生移情心理，把童年中对自己比较重要的形象投射到分析师身上。与移情对应的是反移情，即这种投射对分析师的潜意识造成的影响，这些功能使右脑成为维持个体内部平衡的基石。

左脑是逻辑和理性思维的领地，负责发展语言能力和理解语言，主要负责理解结构和语义部分，至于语言所包含的情绪信息则由右脑分析。情绪脑的发育时间主要为个体生命最开始的两年，在孩子 20 ~ 24 个月大时，他们的理性脑才会迅速发展。胼胝体连接大脑的左右两半球，使得两边可以互通信息。情绪脑与个体身体的各个部分之间存在一张巨大的关系网，右脑给身体发送信息，并从不同器官处接收信息。这些信息能够穿过人体的杏仁核、下丘脑等，到达脑干（见附录，图 Ia），使得来自情绪、记忆、代谢系统、负责激素分泌和免疫的中心系统的信息得以被合成。反之亦然，此外，身体发送的信息会先通过右脑，再到达左脑。此外，胼胝体从右脑到左脑的连接比从左脑到右脑的连接要多（见图 2-1 ）。

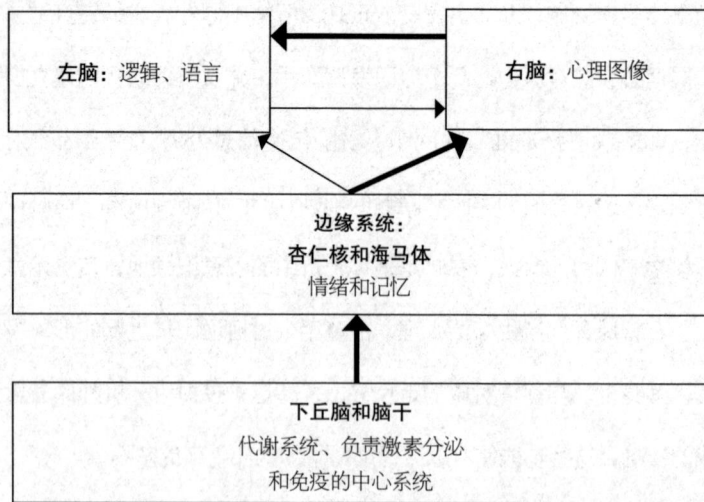

图 2-1 身体之间的关系网及左右脑分工示意图

情绪的产生

我们来看一个具体的例子。你正在电影院里看电影，这时银幕上出现了一个特写镜头，是两个人在告别。你看到他们的表情，听着他们道别的话语，灯光和配乐让这一幕显得愈发真切动人。你不禁被感动，潸然泪下，伤感不已。其实从你感知这一幕到意识到自己的感受，这一过程中，大量的生理反应已经在不知情的情况下发生了。达马西奥（2003）发现，自发、无意识的情绪的产生会经历四个阶段（见图2-2）。

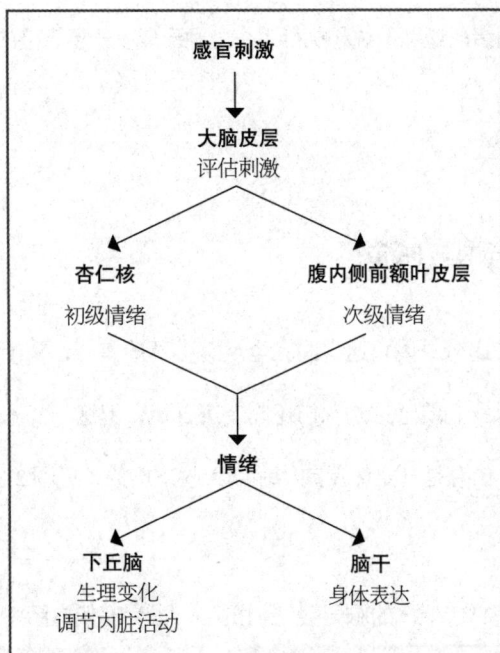

图 2-2 情绪的产生

感官感知外部刺激，然后将视觉、听觉和其他感官信息传送到个体大脑皮层内对应的感觉区域；大脑皮层负责评估刺激，感觉区域将神经冲动发送到杏仁核，触发初级情绪，同时也将其发送到腹内侧前额叶皮层，触发次级情绪（见附录，图Ⅰa）。这两个中心会立即对场景引发的情绪做出评估，然后将信息传递给下丘脑，下丘脑负责执行由情绪引发的、特定的生理变化和调节内脏活动等。比如，当悲伤出现时，个体的思维会减慢，喉咙将发紧，语气会变得沉重。同时，这些信息会被发送到脑干的某些细胞核处，触发身体表达。在告别这一幕中，我们看到两个人面部下垂、神色凝重、眼泪流了出来。情绪的反射性触发往往是在一瞬间发生的，它使得情绪的识别系统和执行系统之间形成了一条直接的沟通渠道。

对情绪的意识：感觉

大脑将信息传递给身体，这中间完全没有心理的参与，整个过程都跳开了意识，所以我们要感觉到悲伤还需要第五步，但这一步不是自动发生的。这一次，信息是从身体反向传输到大脑皮层的（见图2-3）。

当信息被截获时，个体的脑干会"拍摄"一张生理状态图（简称"生理图"），然后它会将这张图片发送到前额叶皮质的一个被叫作"脑岛"的

感官刺激

大脑皮层
评估刺激

杏仁核　　　　　　　　　　　　**腹内侧前额叶皮层**
初级情绪　　　　　　　　　　　　　次级情绪

情绪

下丘脑　　　　　　　　　　　　**脑干**
生理变化　　　　　　　　　　　　身体表达
调节内脏活动

- -

脑干　　　　　　　　　　　　**海马体**
生理状态图　　　　　　　　　　记忆中的体验

脑岛
感觉，潜意识心理意象

眶额叶皮层
有意识的意象（思维）

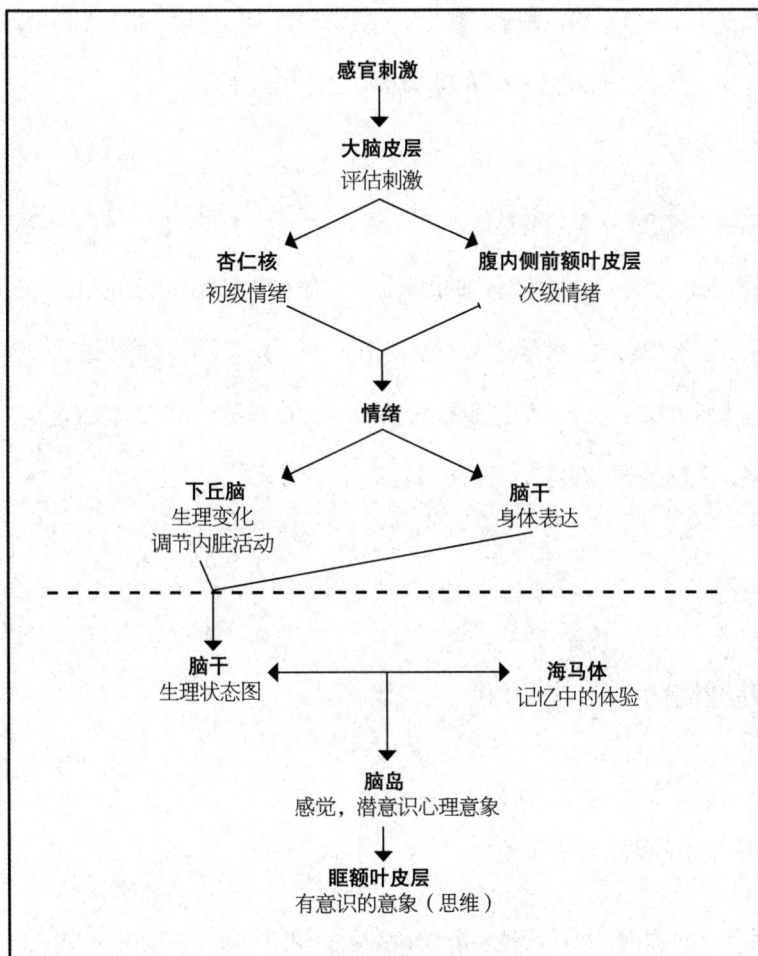

图 2-3　情绪的产生和感知过程

区域（见附录，图Ⅰb），形成感觉，即潜意识心理意象。眶额叶皮层

将生理图转化为有意识的意象（思维），这时我们才意识到自己被感动

了，并且能说出自己的感受。因为这一步不一定发生，所以有时情绪已

经产生了，我们自己却毫无察觉。可能你已经泪眼迷蒙，却说不出自己为什么会哭，也无法描述自己的具体感受是什么样的。

感觉不仅仅是大脑对身体情绪状态的被动感知，为了解读生理图，我们的大脑皮层还会通过海马体调用记忆中的体验，把我们当前的情绪与过去的经历做对比，进行详细、个性化的分析。所以，同样的生理状态经过大脑的加工，会引发不同微妙的情绪。比如悲伤，根据我们所处的情景，可能还会掺杂痛苦、怀念、忧郁、后悔等。

处理情绪

调节情绪及提高适应能力

由于多种原因，能够合理地调节情绪是个体维持情绪平衡和更好地适应环境的决定性因素，也是其建立健康的自尊心的基础。当个体拥有较高的自尊水平时，积极情感（爱、忍耐、宽容、生命力）就会占据他生命的主导地位，从而有利于个体实现情感独立，也有利于他建立良好的人际关系。情绪调节能力差的人无法获得情感上的独立，自尊水平比较低，常常被消极情绪（羞耻、生气、暴怒、抑郁）左右，人际交往过程中以自我为中心，需要依靠他人来安慰和控制自己的情绪，很少表现关心和无私的爱。

学会调节消极情绪能帮助我们忍受孤独，强烈的愤怒或肆虐的羞耻感会使孤独更加痛苦，因为这些情绪会引发我们对被抛弃的恐惧。良好的情绪调节能力能让我们保持情绪稳定，从而更快地从较差的状态中走出来，找回内在的平静。此外，这种能力还能帮助我们克制消极情绪，无论这个情绪有多么让我们不舒服。这能为想象争取时间，帮助我们尽快找到心理出口。

新生儿的第一项任务：学习调节情绪

出生伊始，婴儿还无法独自应对内心的紧张，当情绪出现时，他会被情绪淹没。婴儿完全依赖环境来维持体内平衡，所以他的第一个任务就是学会自己调节情绪，慢慢借助思维维持内在的平衡，学会在情绪紧张时用语言而不是行为来表达自己（语言和行为是个体适应环境的两项关键技能）。神经科学界的研究表明，学会调节情绪是个体右脑成熟的标志，而右脑的发育主要依靠个体在生命最开始的两年与母亲建立的依恋关系。儿童情绪和社会发展理论一直以来都在强调母婴依恋关系对个体情绪健康的重要性。通过开展临床研究和对幼儿进行观察，科学家们已经找到这一理论的生物学基础。

婴儿在刚出生时，大脑还没有完全发育成熟[①]。在发育过程中，右脑最先发育，其工作是探测并解读身体信号，使婴儿根据需要调整自己的行为。根据设定好的程序，婴儿的右脑会与母亲的右脑联结。那么为什么不是父亲呢？神经科学界的最新发现表明，女性的右脑具备"特殊能力"，可以探测他人右脑发出的无意识情绪信息，这就是为什么女性往往比男性更擅长共情。依恋纽带主要是在无意识交流中构建的，科学家认为母亲的右脑对婴儿发出的无意识信息更为敏感，因而母亲在这方面的能力更胜一筹。不过，母亲能否胜任这项工作，取决于她自己小时候与母亲建立健康的依恋关系的能力如何。

需要调节的情绪（一）：喜悦和愤怒

婴儿在刚出生时，其体内平衡程度取决于母亲与他建立情感连接并按其需要给予刺激的能力。这个刺激既不能太强，以防婴儿被淹没；也不能太弱，刺激要达到一定的量才能引起婴儿的兴趣，引导他进入一段关

----

① 这部分信息摘自《情感调节和自我修复》。

系，发展自我。母婴之间的交流会让婴儿产生两种体验：刺激性情景让他学会调节愉快的感受，安抚让他学会处理消极情绪。

尽管很多情绪是由基因编程的，但并不是所有情绪都会在个体出生时被展现出来，有些情绪要等个体有了自我意识之后才会出现。一开始，婴儿在醒着时只会意识到两种情绪状态：一种是满足和舒服的状态，这时的他比较乐于开展社交；另一种是烦躁状态，这时的他需要被成年人安抚。由于婴儿的大脑需要与成年人的大脑联结才能发育，所以母亲的脸会对他产生强大的吸引力，促使他想办法与母亲进行视觉、触觉和听觉上的接触。生命之初来自母亲的刺激引发最初的快乐和喜悦。另外，婴儿在感觉不舒服时会体验到一种原始的愤怒，他会通过尖叫、手脚乱动表达这种愤怒。如果此时，母亲能够给予适当的安抚，婴儿就会学着调节这些情感，新的情绪将出现。

母婴之间长时间的眼神交流也是无意识地互相影响的强大通道。婴儿放大的瞳孔会引发母亲的母性行为。母婴之间的交流会让婴儿愉快又兴奋。为了调节这种强烈的情绪，母亲会根据婴儿的活动水平做一些直觉性的调整。这一步走得越成功，母亲和婴儿就越同步，也越能体验互动的愉悦和幸福。有时候，母亲的反应和婴儿的内在状况难免有些不协调，导致婴儿血压升高，但母亲往往能敏锐地察觉这一点并迅速做出调整，婴儿又会重新恢复平静。这些短暂、不协调的时刻和调整同样重要，这种不协调只要不超过婴儿的忍受范围，便会帮助婴儿获得现实感。慢慢地，婴儿会对母亲产生依恋，因为母亲知道如何平息自己的紧张情绪，引导自己进入舒服的状态，让自己快乐。

需要调节的情绪（二）：羞耻感

在 12 ~ 18 个月大时，孩子学会了自己走路，对世界有了全新的认识。他欣喜若狂，跃跃欲试，在尝试的过程中，各种失败的经历，以及来自成年人的制止、反对，会使其产生一种新的情绪：羞耻感。羞耻感是一种消极情绪，但它不可或缺，正是羞耻感让我们放下不切实际的想法。孩子自己无法调节由羞耻感引起的痛苦，他需要有人来帮助他确认他的能力和价值。这里的关键仍然是母亲共情式的回应，即告诉孩子失败是在所难免的。母亲应把挫折造成的损失控制在一定范围内，让孩子做一些力所能及的事；如果孩子还是失败了，母亲应该以关爱的态度去回应他的羞耻感，而不是羞辱他，这样就算他做不到、做不好，仍然会有被爱的感觉。在这样的环境下，孩子就可以忍受羞耻感，并学习如何处理这种情绪。适当的羞耻感可以帮助孩子根据实际情况调整自己的行为，对自己进行比较现实的考量，知道自己有多大的能力，意识到自身的局限性。

一个人处理羞耻感的能力决定了他能否获得情感上的独立。若成年人对孩子的能力要求过高，会让孩子常常有挫败感，若此时成年人还讥笑、羞辱他，孩子将会十分痛苦，带着这种情绪长大的孩子容易有自尊障碍，难以与他人建立情感连接。

自恋性暴怒：一种为了抵御羞耻感而出现的情绪

随着孩子慢慢长大，他会发现自己做不到的事情越来越多，之前的欣喜和全能感崩塌了，他开始意识到自己的无助和无力，并对他人产生依赖。这个阶段一般出现在孩子 18 个月至 2 岁大时，这个阶段对孩子而言简直痛苦难耐，他的内心产生了很多冲突，他想尽办法来维护自己的独立，又害怕失去母亲的爱和支持；他没了方向，不知道自己想要什么，一会儿拒绝帮助，一会儿又愤怒地请求帮助。另一种情绪出现了：自恋性暴怒。这是一种强烈的愤怒，孩子因为意识到自身的局限性而觉得痛苦不堪，所以他们想要保护自己，个体的自恋性暴怒情绪的具体表现为运动性癫痫发作、尖叫、坚决拒绝别人的帮助。这个阶段对父母来说同样很难，他们需要坚定且充满爱意地回应孩子的请求，尊重孩子受伤的自尊心，帮助他们学会调节这种情绪。

学会调节攻击性情绪对于个体进一步发展思维能力而言十分关键，因为我们必须先忍受攻击性，等待心理表征出现，才能构建思维。能够忍耐攻击性情绪，即使情绪再强烈也不爆发，是个体学会用语言表达不满的基本条件。需要注意的是，羞耻、得意、自恋性暴怒等所有情绪都出现在语言习得之前，所以这些强烈的情感体验其实很隐秘，孩子此时无法用语言来描述自己的内在发生了什么。共情使成年人能够用语言表达痛苦，这一点至关重要，因为孩子会根据成年人的反应来调节内部紧张。

高级情绪：关心、悲伤和内疚

如果一切顺利，孩子暴怒的次数会越来越少。大约在 2 ~ 2.5 岁大时，孩子会用更温和的方式表达愤怒。到了这个阶段，他的依恋感越来越强，利他之爱出现了，同时他的左脑开展了第一波迅猛发展：孩子获得了语言和思考的能力，对自我和他人意识的增强使他开始关心他人的感受。关心出现后，新的、更高级的情绪也会产生，比如，对分离的意识带来了悲伤。悲伤是孩子从出生开始就拥有的情绪，他一开始只是感觉身体的能量降低了，而不是感到悲伤。随着对分离的意识越来越强，孩子渐渐能够体验到悲伤，与母亲之间的冲突会让他暂时觉得自己失去了母亲的爱。悲伤延长了情绪影响他的时间，他与母亲的冲突不再像以前那样快速消散，在很长一段时间内，这种情绪会继续在孩子的头脑里通过思维表现出来：这也是他学习用思维调节自己情绪的必要条件。

孩子在会说话后就会出现内疚情绪。他在内疚时，会想拥抱那个被自己伤害的人，或者通过送礼物弥补自己的过失。这说明此时，孩子已经把道德感和父母教他的规则内化了，有了将心比心的能力，能意识自己的行为可能给他人带来痛苦。内疚更多地需要左脑的参与，而在内疚之前，所有的情绪都是由右脑掌控的。这就是为什么内疚的出现意味着孩子变得更成熟了。

这场关于情绪的生物学之旅让我们发现，情绪在我们身体及内心深处产生、发展，是我们无法忽视的存在。所有的情绪，无论是积极的还是消极的，都需要我们适应。积极情绪一般是令人感到愉快的，不需要思维的参与，但当个体的积极情绪过于强烈时，内在紧张将被引发。消极情绪会让人痛苦，也会激发心智化运作，帮助情绪找到出口。那么心智化运作是通过什么机制对情绪产生作用的呢？让我们进入下一章吧。

▼ 第三章　处理消极情绪

THREE

暴烈之怒刺耳如长锥，

温润之怒伤人不见血。

——菲利克斯·勒克莱尔（Félix Leclerc）

《流浪汉日记》

消极情绪是人们绕不过去的坎。既然只有心情好，身体才会好，那么当消极情绪来临时，我们就需要知道该怎么处理。提倡使用积极思维的人建议通过自我暗示来舒缓情绪。我们能够对情绪产生哪些影响？情绪可以被控制吗？如果可以，我们该怎么控制情绪呢？是不是只要保持好心情，抑制消极情绪就够了呢？神经科学界再一次为这些问题提供了答案。

《疗愈性思维》出版时，很多人以为它是一本关于积极思维的书，其实不然。疗愈性思维更多是指想象思维，它能够帮助我们代谢消极情绪，恢复良好的状态。接下来我会将"积极思维"与"疗愈性思维"作比较，并引用一些关于控制情绪的科学研究来解释什么是"疗愈性思维"。通过一系列探索，我们会发现，面对痛苦，不同的人有不同的处理方式。

何谓"积极思维"

近年来出现不少有关"积极思维"的书籍，认为我们的思维反映了我们内心深处的信念，塑造了我们的人格，决定了我们的命运[①]，发生在我们身上的一切都来源于信念。这种说法并不新鲜，在日常生活中我们可以发现，个体的主导思维能反映他的情绪状态，而情绪状态会影响他对世界的反应方式。比如，如果一个人深信自己不会成功，那么他在行动前就会犹豫不决，怀疑和恐惧让他更容易犯错，也更容易失败。相反，一个自信而坚定的人会毫不犹豫地向前，不断努力，取得成功。再比如，多愁善感的人总是盯着事物的消极面，感觉生活没有希望，自己做什么

---

① 参考帕瓦那（Pâvana），《赞美积极思维》（*Éloge de la pensée positive*），摩纳哥，Éditions Alphée，2006。

都没有用，而后他又会经历一系列事件，这些事件进一步证实了他的想法。相反，一个乐观的人在任何情况下都能发现生活美好的一面，发生在他身上的一切也令这种乐观延续。神经科学界的一些新技术已经从科学角度证实了这些现象，也让人们更好地理解了大脑的工作模式。科学发现，心理状态，无论是有意识的还是无意识的，往往导致个体的生理状态发生改变，这些改变也会反过来影响他们的情绪状态。

上面所说的都是人们日常生活中观察得到的现象，这些现象推动了一种比较流行的观点的诞生，即鼓励人们根据自己的生活态度采用以乐观、自信、爱、宽恕、感恩为主的"积极思维"去主动改变自己的命运。根据这个说法，一个人只要拥有积极思维，他就大概率会收获幸福和成功；同理，"消极思维"占据大脑将导致抑郁、焦虑、不幸和失败。所以，具有攻击性、悲伤、恐惧、怀疑或其他消极情绪的思维都变成了我们的敌人。当这些情绪出现时，人们应通过改变思维来改变自己的内在状态。

这种说法乍一看是有科学依据的，但事实果真如此吗？精神分析界从一开始就揭示，是潜意识而不是意识（尽管二者常常是一致的），在不知不觉地推动人们通过一些人和经历去证实自己的想法，潜意识只要未被意识化，便是不受人们控制的。神经科学界也证实了是潜意识在主导人们的行为和反应模式。既然消极情绪不受我们控制，产生的源头又不在意识范围内，我们该拿它怎么办呢？让我们来看看神经科学和心身医学界的专家学者们对控制情绪提出了哪些建议。

情绪可以被控制吗

每个人都经历过这样的时刻：试图忍住眼泪、掩饰恐惧、压抑愤怒。有些人非常善于隐藏自己的感受，在任何情况下都表现得沉着冷静。当我们努力掩饰情绪时会发生什么呢？我们真的可以消除自己不想要的情绪吗？有时，我们虽然产生了情绪，但是自己并没有意识到它们，这些情绪往往逃不过旁观者的眼睛。他人都能够发现的事，为什么我们自己没有注意到呢？

达马西奥（2003）解释道，从生物学的角度来说，一种情绪只有被另一种相反、强度更大的情绪取代时才会消失。所以，只要积极情绪比消极情绪强烈，消极情绪就会减少。比如我们本来很难受，突然接到一个梦寐以求的邀请，痛苦自然会为喜悦让位。那么，我们能刻意赶走消极情绪吗？情绪是个体在受到外部刺激后被反射性地触发的，所以我们的大脑无法阻止情绪产生，但感觉是由生理状态图形成的，生理状态图是由大脑构造出来的，所以大脑能够控制情绪。大脑可以通过两种方式控制情绪：一种是自我暗示，另一种是心智化运作。

自我暗示

劝说是左脑有意识的理性活动。通过劝说，理性的左脑将控制情绪，这可以改变来自右脑的情绪信号的传递，但缺点在于，这种改变只对我们能够意识到的情绪，即感觉产生影响，而不能实质性地改变我们的生理状态。当我们感觉不到情绪时，会以为情绪已经不存在了，但此时情绪仍会对我们产生影响。比如，一个人明明已经被愤怒淹没，但他说服自己继续去爱那个令他感到不舒服的人，他潜意识里的愤怒会不知不觉地被表现出来：尽管他感觉不到愤怒，但他仍然会有带有攻击性的行为和语言。个体的积极思维只有激起非常强烈的积极情绪并形成压倒之势，才能将消极情绪赶走，但我们要怎么确定这个强度是否足够大呢？而且，采取这种方式可能会进一步压抑消极情绪，导致我们的意识和身体脱节，情绪将通过身体表现出来，比如引发功能障碍、头痛，以及带来睡眠或消化方面的问题。此外，过于追求积极思维容易让人对消极情绪进行评判，对它们产生恐惧感、抗拒感。一般来讲，我们只需要对我们积极追求的事物持有积极思维就足够了，这已经唤醒很多人的想象力，足够使生活中很多痛苦和不舒服的感觉奇迹般地消失，使人相信自己会遇到美好和欢乐。人生路上既有幸福、快乐，也有挫折、坎坷。丧失、疾病和死亡，这些难免会带来痛苦，应对痛苦情绪的另一种方法是展开心智化运作。

心智化运作

心智化运作可以真正改变我们的内在生理状态，激发新情绪并使其取代消极情绪，其具体工作方式有以下几种。

反思

反思是指在情绪产生时，我们先后退一步，对导致情绪产生的所有因素进行客观分析。举个例子，某人接到一项任务，他由于感觉自己做不到而产生愤怒感。这时，他可以先想一想是什么引发了这种愤怒感和无力感。分析可以帮助他查找问题的根源所在，找到解决问题的办法。比如他可以向领导反映情况，调整一下工作内容，或者看看有哪些资源可以帮助白己完成任务。感觉既能引导我们分析问题，又能帮助我们解决问题。通过反思，理性会占上风，我们会更偏向通过思维解决问题。不过，要想对感觉产生影响，我们必须让思维渗入感觉，只有在这种情况下，情绪才会催生心理图像并指导反思过程。纯理性思维是与身体脱节的，无法对情绪起到疏导作用。在反思过程中，左脑会一边处理右脑发送的信息，一边指挥我们工作。

觉察

有时候，客观理性的分析也无法让我们平静下来。在上面这个例子中，当事人如果意识到自己的攻击性很强，强烈到与事件的严重程度不成正比，他便可以通过觉察进一步推动心智化运作进程。比如，通过觉察自己的想法和感受，他可能发现自己一失去掌控感就会愤怒。自己为什么那么需要掌控感呢？他又发现这是因为他想通过证明自己比别人好来弥补自卑感。自己并没有别人想象中的那么完美的想法让他感到很失望，而愤怒正是在保护他免受失望带来的不舒服。了解了这一点，他便可以对自己抱有更实际的期待，原谅自己的不完美。当他对自己更宽容时，愤怒也就不那么强烈了。通过觉察，他还发现无力感也让自己很不舒服，而愤怒是为了减少这种无力感。为什么无力感那么让自己痛苦呢？也许是因为小时候，那个小小的自己没有办法安慰不开心的父母，引发了羞耻感……觉察可以帮助我们发现当下正在经历的事件与过去事件的相似之处，发觉当下的情绪在程度上是不恰当的。分析事件与事件之间的联系也能让我们更客观地看待当下，减少过度反应行为。

心理图像可以帮助我们觉察。还是用上一个例子，这个人感到很愤怒，他想知道为什么情绪对自己产生了这么大的影响，这时他暂时不去寻找答案，而是等待心理图像自发地出现。在第一个画面中，他被关在某处，双手被绳子绑住，且当下只有他一个人，没有人能帮助他。当情绪汹涌来袭时，这个画面能让他站在旁观者的角度看问题，从而不会瞬间被情绪淹没。在这个比较舒服的位置，出现了第二个画面，他仔细地观察四周，发现自己旁边有一个尖锐的物体，他看到自己抓住了这个物体，割断了绳子。这个画面让他发现其实自己的资源比想象得多。希望缓解了焦虑，他找到了自己的力量来源，而这些力量之前都被他忽视了。

觉察的目的是加深个体对自我的认识。觉察与反思不同，二者虽然都将情绪考虑在内，但反思分析的是问题的外部因素，而觉察是个体有意识地把注意力放在行为和反应的内部驱力上：个体观察自己的行为，观察自己的思维方式和感觉，努力把这两方面联系起来，从而更好地找出内驱力和动机。在觉察时，个体的思维虽然也在活动，但活动量比反思要少许多。个体的左脑仍然掌控一切，但它更多是在处理来自右脑的信息。

虽然觉察可以帮助我们理解一些看似莫名其妙的反应，但它并不一定能深刻地改变自发的情绪反应。情绪背后的机制深深地植根于我们的身体，我们通过心理图像和思维只能转化其中的一部分，它的活动范围要比觉察广泛得多。觉察无法从根本上转化情绪，特别是当我们的痛苦已经不仅仅是感受，而表现出生理反应时，觉察就更有局限性。我们需要借助其他办法，推动想象发挥组织能力，这一部分内容超出了"疗愈性思维"的讨论范畴，我会在后文讲述。

哀伤

在生活中，我们会遇到各种各样的考验，这些考验会引发痛苦的情绪，比如当我们遭遇亲人去世、经历疾病或衰老，以及每一次失去内心珍视的东西时，痛苦的情绪都会持续很长时间，这对思维而言是一种挑战。痛苦的感觉由于难以忍受，往往会成为心智化运作的绊脚石。我们的心理要处理很多令人痛苦且彼此相冲突的情绪，哀伤需要一定时间才会使个体的内在发生变化。我们需要暂时放下思维，让意识按照自己的节奏在脑海中随意游荡，游过情绪、游过图像、游过记忆。随着时间的流逝，我们会不知不觉地放下。也许某天早晨醒来后，我们会突然有种焕然一新的感觉。

完整的哀伤过程会让我们的内在发生深刻的变化：我们不再是之前的那

个自己，因为我们已经内化了去世亲人的某些人格特质，或者已经能够从缺失中走出来，开始新的生活。

具有创造性的想象

不同形式的艺术表达都会用到创作。不同于反思和觉察，创作需要大量的右脑活动，并需要我们暂时放下理性思维，停止思考。在创作过程中，我们的意识会更多地停留在印象、情绪和自发的心理图像上，而不是在逻辑思维上。这虽然听上去有些疯狂，但我们所有自发出现的动作、呼吸、文字都会引导意识。有时艺术家创造出来的素材甚至令他本人惊讶，尽管他知道这些内容源于自己内心深处，但他很难辨认出这些素材。在所有的心智化运作过程中，只有在创作时，个体的潜意识心理图像和身体感觉才能比意识思维占据更重要的位置。在反思过程中，逻辑关联和类比连接交替出现，使得创作者在不知不觉中将一幅幅心理图像串联起来。

这种思维方式符合学龄前儿童的特征，他们往往更喜欢发明、涂鸦、创作，喜欢在一个没有逻辑的宇宙里天马行空地徜徉。成年以后，我们若再想创作，需要经过一些特殊训练，因为当我们的意识清醒时，理性很容易抑制想象。不过也有一些人天生具备创作能力，他们保留并发挥了情绪脑的优势，从而更容易进入创作状态。

想象思维

想象思维让心智化运作成为可能。它是一个自然自发的过程，我们越是不控制自己的思维，效果越好。我们每个人、每天都会用到想象思维，你有没有在孤独时觉得伤感，什么也不想做，就想坐在窗边看看远方？如果不主动驱赶这种感觉，孤独感会越来越重，而且你会不断地想寻找存在感。你可能会想到最近有一个朋友搬家了：你很想念她。你想着和她一起度过的美好时光、一起参加过的一些活动。你想起某一场音乐会演奏了她喜欢的曲子，你找出 CD 开始播放这首曲子。听着音乐，你的思绪不断地游走，飘到或近或远的记忆中，渐渐地，你开始放空大脑，幸福感代替了伤感，你的能量慢慢恢复，活力也回来了。你的思绪也可能飘向另一边，你也许会想到自己错过了与她拉近距离的机会，你有些后悔，但已经太晚了，她已经走了。想到这里，你开始难过，决定好好珍惜眼前的人，因为他们也不可能永远陪在你身边。这时，另一个人出现在你的脑海中，你已经好久没有她的消息了。你有些内疚，立刻给她打了电话，从她的语气里，你听出她很开心能接到你的电话。她的反应也令你开心，悲伤和内疚消退了，你们愉快地约好近期见一面。

这就是"疗愈性思维"的运作模式。个体的思绪飘荡，在最初的情绪中游走，图像和思维闯入记忆，互相激发。这种运作自发且随意，思绪可以沿着相同的情绪游走，也可能会飘向另一边、另一种感觉，引发其他的记忆或思绪。想象思维是个体的右脑发挥创造力的工具，其运作法则不同于外界普遍认可的法则，思绪和图像通过类比和隐喻互相关联，我们在想象的过程中不会考虑逻辑或时间。梦境就具有类似的特点：在梦里，我们可以在 5 岁时拥有成年人的身体，可以在天空中飞翔，可以遇到一个在现实生活中根本没有见过的人，等等。尽管我们没有意识到，但我们的想象思维在不分昼夜地工作，它时时刻刻都在转化与情绪相关的生理状态，为我们的身体紧张提供心理出口，帮助我们应对日常生活中的内在压力，方便我们以具有创造性的方式对周围环境做出反应。

个体心智化运作（也称心理工作）的能力因人而异。它取决于一个人能否克制自己的情绪，在一个没有逻辑的想象世界里漫游，它也在很大程度上依赖个体的情绪发展水平。有效的心理工作可以帮助我们缓解内部紧张，在很大程度上改变我们对事件的感受和思考方式。但有时候，思维不但没有帮我们减轻负担，反而加重了消极情绪，使得我们有种不管怎么做，都像"在伤口上撒盐"的感觉。在这种情况下，思维非但无法起到疗愈作用，反而让人越陷越深、难以自拔。"疗愈性思维"在实际应用过程中可能遇到各种各样的困难：个体会越想越气、想报复、把自己想象成一个受害者、一个劲儿地钻牛角尖，产生"我从小就没有被爱过""我就是个多余的人"等想法；还有可能引发身体疼痛，导致个体缺乏想象力，对想象出来的事物感到害怕，因而固守原有逻辑，死抠细节。在这种时候，我们会觉得自己面对消极情绪时是束手无策的。

我在上文中讲过要和所有的情绪做朋友，虽然人人都更喜欢体验爱、喜悦和感激，但每个人都有权利感到悲伤，受到攻击时也有权利感到愤怒，感到匮乏时有权利去羡慕、嫉妒。这些感受虽然令人感到痛苦，但也有一定的用处。当然，我们也可以努力培养愉快的情绪和积极的态度，但真的要以牺牲内心的真实感受为代价吗？积极思维只要能代谢消极情绪，就对健康大有裨益。我们不需要赶走消极情绪，可以将它视为朋友，它可以激发心智化运作，让我们更好地了解自己，恢复平静。

▶ 第四章 疗愈性思维：
　　　　感觉和记忆

FOUR

思维在我们体内生成、流动，

犹如一部叙事机器，

它的声音时而高亢，时而低沉。

但当其进入意识、

视觉和听觉时，

它们中的大部分都是不能被直接观察的。

——苏珊·雅各布（Suzanne Jacob）

《相处的故事》

"疗愈性思维"有两个工具：感觉和记忆。若我们没有意识到情绪，心智化运作就无法开展，这就是为什么我说感觉是身体和心灵之间的纽带。感觉能够延长情绪对意识的影响，为大脑争取时间，方便大脑把当前情况与我们所有的情感记忆做对比，从而帮助我们更理性地应对事情。那么大脑是如何进行这种比较的呢？

在了解情感记忆库是如何形成的之后，我们便能够更好地理解在经历新的体验后，思维是如何根据新体验提供的信息重新审视并改变记忆的。开展良好的心智化运作需要个体自由接触感觉和记忆，所以大脑各区域之间以及大脑与身体之间的信息流动，对于心理开展链接工作而言十分重要。

感觉：身体和心灵之间的纽带

了解了情绪和感觉的区别，我们就能够理解思维是如何对身体造成影响的。情绪对人的影响是生理层面的，它会导致人的心跳加速、肾上腺素分泌急剧增多、压力激素产生，甚至会影响人的生理功能，如恐惧或焦虑让人失眠，坏消息让人痛心继而食欲不振，生气容易引发头痛或消化问题等。而感觉是一种心理构建，当情绪引发生理变化后，感觉会通过图像和思维来表现这些变化，所以感觉是身体和心灵之间的纽带。情绪通过感觉到达心理层面，影响人们的心理状态和思维方式。所以，喜悦能唤醒感官，激发大量的创造性思维；愤怒让人暗生报复之心；悲伤会抑制人的心理活动，使其思维变慢，让人感觉周围的一切都是黑暗的、无望的、悲观的。

感觉本身就是某种形式的思维，它是可以被描述的，如我感到悲伤，感到愤怒，感到快乐。感觉不仅能延长情绪对意识的影响，还能唤起与该情绪有关的各种思绪，使心灵能够把这个情绪和类似情景联系起来。我们仍以电影里告别的场景为例。在电影结束之后，你回想起那一幕，想到女儿已经成年，就要离开这个家，悲伤又一次袭来，与这个感受相关的各种画面和记忆开始在你的脑海里翻滚。你想起在过去的岁月中自己因为一次次分别而感受到的孤独，想起家里还有一个小女儿，她也总有一天会离开。所有这些自发产生的想法都有一个共同点，就是悲伤。当悲伤进入意识以后，意识会帮助你理解并更好地应对这种因分离而引发的焦虑。此外，感觉并不仅仅是个体对身体情绪状态的被动感知，个体的大脑皮层在解读生理状态图并把它转化为感觉时，还会调用记忆，将个体当前的情绪与其过往经历做对比，做出有针对性的、个性化的分析。同样的生理状态经过脑干的解读，还会引发各种不同的、微妙的情绪，比如，根据情景不同，你的悲伤里还可能掺杂着怀念、忧郁、后悔、被抛弃感、绝望等。

在《疗愈性思维》一书里，我介绍了情绪的记忆过程。在本书中，我想再补充一些关于情绪记忆过程的生理特点的细节。下文会提到一些生理学术语，希望读者不要反感，在这些知识点上稍作停留，它们能帮助大家更好地理解情绪在思维过程中的作用，发现思维存在的漏洞。

情绪的记忆过程

海马体是我们的记忆中心，杏仁核的主要功能是触发情绪，这两个结构在大脑中的位置非常接近（参见附录，图Ⅱ），由于二者的联系很紧密，所以记忆和感觉能在许多层面协同工作。体验会调整我们与生俱来的初级情绪，并触发由该情绪引发的所有感觉，所以它带来的记忆能让我们产生非常个性化的情绪，比如社会性情绪，就是孩子通过与养育者互动习得的。因此，过去的经历不仅会影响每个人感受事件的方式，也会使每个人对相同的事件产生不同的感受。记忆和情绪也是协同工作的，但是在另一个层面上工作。事件引发情绪，情绪会告知海马体某个体验对适应环境而言是否有用，让海马体记住它的重要性。当新情况出现时，大脑会参考新情况引发的情绪，把它和我们记忆中的体验进行比较，以便我们用更合适的方式对刺激做出反应。电影里的告别场景之所以让你这么感动，是因为它唤醒了你从出生以来所有和分离有关的记忆，引发无限伤感。这些场景有些可能会出现在你的脑海中，有些则不会，但多多少少被唤起了。

外显记忆与内隐记忆

我们每个人自出生以来，甚至在出生以前，我们的大脑就已经记住了大量的、具有情感意义的事件。我们可以记住其中的一些，但它们大部分都绕开了意识层面。记忆是一个非常复杂的过程。勒杜（2005）认为，大脑有两个不同的情绪记录系统，二者使用的是不同的神经回路。

其中一个系统形成的记忆是可被回忆的，被称为"外显记忆"或"陈述性记忆"，这部分记忆可以被个体用语言描述。心理图像链接着感觉，情感记忆以心理图像的形式存储在大脑里。外显记忆让我记得六岁时穿过的那条小黄裙子，记得第一天上学时哭鼻子那一幕，记得爷爷奶奶家特有的味道……

另一个系统被称为"内隐记忆"，这个系统能够运用无意识机制极快地记录下危险或威胁。与外显记忆不同的是，内隐记忆由恐惧激发的无意识条件反射制造而成，即某件事确实被记住了，但是并没有形成心理图像。所以，这部分记忆不能直接进入我们的意识，却可以影响我们之后遇到类似事件时的反应。当一个人遇到一件新鲜事时，他的一部分内隐记忆将被唤醒，它会自动触发与之相关的恐惧、逃跑等行为。这些记忆是无意识的，所以有时我们会对一些看似无害的事物感到恐惧，比如看到一只猫会觉得害怕，但我们自己也不知道为什么会有这样的反应。有过创伤体验的人也许会更熟悉这种记忆方式。为了区分这两种不同的情绪记录系统，我们把内隐记忆称为"情绪记忆"，把外显记忆称为"情景记忆"。精神分析界把内隐记忆称为"非表征性记忆"（trace mnésique non représentée），把外显记忆称为"表征记忆"（souvenir représenté）[1]。

两个情绪记录系统同时工作，也就是说，个体遇到的一个事件可以被同时存储在两个系统中。此外，情景记忆容易被淡忘，而情绪记忆不太容易被忘记。所以，引发恐惧的情景可能会被遗忘，但与该事件有关的情绪却被保留在内隐记忆里。内隐记忆会使我们对毫无危险的情况产生不合理的恐惧，但到了那时，我们已经想不起引发恐惧的原始事件了。

---

[1] 在《疗愈性思维》一书里，有一章专门讨论了非表征性记忆痕迹的躯体化。

情绪记忆与情景记忆

还有一个特征也能说明情绪记录系统工作的复杂性。大脑在记录一个情绪事件时，它不但会记住该情景的一些具体细节，也会记住该体验发生时我们的身心状态，也就是所感受到的情绪。我们的情绪记录机制与处理事件的认知机制不同，情绪记录机制主要位于右脑，而认知机制则位于左脑，这就是记忆可以以各种方式重现的原因。神经网络使得左右脑之间可以通过胼胝体进行交流（见附录，图 I a），所以凭语言唤起记忆，也可以触发情绪。个体的情绪脑和语言脑可以各自独立运作，无视对方记录的数据。这就是我们可以想起童年的某个情景，却感受不到当时的情绪的原因，反过来，突然被一种强烈的情绪所淹没，却想不起与之相关的具体事件也是这个原因。我们之所以会遗忘童年的某些事件，往往是因为左右脑之间失联了。所以我们会对某个情景产生过于激烈的情绪反应，自己却没有意识到，或者会冷漠地讲述童年发生的、令人痛苦的事。只有再次置身相似的环境，感受相似的情绪，帮助左右脑之间恢复交流，我们才能找回丢失的记忆，我们把这种现象称为"状态记忆"。这一发现在精神分析界得到了很好的应用，在专家开展治疗的过程中，移情常被用作撬动记忆的杠杆，它的作用便是帮患者重现往日情景。

外显记忆不是体验的复制品，而是对体验的解读。当一种感觉带回一段记忆时，我们的大脑会对其进行分析，并调出该体验从发生起至目前积累的所有数据。我们会发现，随着年龄的增长，我们看待事件的眼光也在不断变化。比如小时候，当我们犯了错误，惹母亲生气时，会觉得母亲好凶，并对她的情绪激动表示不理解。长大以后，当我们自己做了父母时，便开始能理解她。相反，内隐记忆可以在不知不觉中影响我们对一个人或一个情景的感知，所以我们可能会在与一个人初次见面时就对他产生好感或者反感。

不论是外显记忆还是内隐记忆，都会以一种非常个性化的方式塑造我们的自我和行为，它们是我们与他人交往、对情景做出反应、启用各种防御机制应对痛苦和积极情绪的基石。总之，它们主要负责塑造我们的性格。

长期记忆

有时情绪事件会直接干扰我们的意识，此时遗忘就显得十分重要。遗忘并不是让某段记忆完全消失，而是让它成为思维的参照物，将来在我们遇到类似情况时，指导我们该如何应对，这就是长期记忆的作用。我想引用雅克·罗克（2004）举过的例子来解释这一记忆过程，比如某天我正在开车，突然一只狗冲出来横穿马路，我的大脑在接收到这一信息时必须尽快处理它，因为这关系到我的生命安全。首先，大脑会通过快速通道迅速把信息传输到海马体的"危险评估中心"中，这一步与情绪触发的第一步相同，负责引发恐惧和逃跑行为的杏仁核也参与其中。如果杏仁核判断情况危险，其会立即触发条件反射，在这个例子中的具体表现就是：我将刹车。杏仁核和海马体之间的联系可以让大脑立即回忆起恐惧引发的反射性学习。实际上，我踩刹车是因为经验告诉我，开车撞到移动物体是非常危险的。我们看到，信息的一级处理速度极快，根本不需要意识思维的配合：我在还没有搞清楚状况甚至还不知道前方是一只狗之前，就踩刹车了。

如果大脑中的杏仁核认为有必要记住这一事件，那么一旦危险过去，大脑就会开展记忆工作，它会将信息归档并整合到长期记忆中，这一步被称为信息的二级处理。思维使得这份工作中的一部分可以在清醒状态下被完成，即让我们的注意力回到刚刚发生的事件，并将其与引发类似情绪的其他事件联系起来。这一步是有意识的，但不是必然的，也就是说并不是每次都会发生，而且不是整个过程的关键。我们的长期记忆主要发生在快速眼动睡眠期，我们的大脑在这一阶段特别活跃，它会根据已存信息的相似性，取回前一天临时存储的信息，对其进行评估和分类。

这些信息会被大脑整合到相关的记忆网络中，如果它找不到存储位置（因为这个体验之前没有发生过），就会创建新的记忆网，这就是精神分析所描述的关联链的形成过程[①]。因此，所有新信息都会经历两个处理阶段：第一阶段，大脑对信息进行分析，并通过快速通道处理一些紧急情况，此时会产生情绪记忆；第二阶段，大脑将情绪记忆整合到建立情景记忆的长期记忆网中。第二个阶段也被称为信息再处理阶段，它是对第一阶段的补充。只有当杏仁核认为所发生的事件对个体的生存没有直接威胁时，信息才会经历再处理阶段，从而被稳固下来。这种存储方式会让我们暂时遗忘某一事件，但当我们需要这段记忆时，大脑会再次将其找回。

信息的流动性

当你在高速公路上开车，看到电子标识牌显示"道路通畅"时，你会知道前方路况良好，自己大概率可以准时到达目的地；相反，当你看到"道路拥堵"或"通行缓慢"标识时，你将明白前后交通受阻，你可能迟到或必须走另一条路。

---

① 参考《疗愈性思维》第六章。

同样，我们体内也有一张庞大的"公路网"，这张网连接着我们的身体和大脑，由携带双向神经冲动的神经和负责输送激素和细胞的血液循环系统构成。不同来源的信息在我们的体内不断流动促进知觉、五官感受、情绪、感觉、想象、记忆和思维的形成。为了用一种感觉来呈现一种信息，进行比较和链接工作，我们的心理必须能够自由地获得它所需要的全部信息。要做到这一点，大脑的各部分之间以及大脑和身体之间的信息，在流动过程中不能受到任何阻碍。因此，流动性对于大脑维持创造力而言至关重要。当想象能够触碰到所有的信息，我们看待世界的眼光就变了，感觉也发生了变化。我们能意识到自己的心理图像和意识产生了变化，但这也只是冰山一角，我们还会经历更深层次的重组和整合，感觉的变化将令我们的身体状态发生巨大改变。

所有的心智化运作，不管是反思、觉察、哀伤还是创造性的想象，都需要意识参与，并被用于记忆和情绪。记忆和情绪能够使信息在大脑各区域之间及大脑和身体的其他部位之间流动，这有助于为情绪引起的身体紧张提供心理出口，该方法的有效性取决于个体的意志在心智化运作中对思维起到什么样的作用。个体越运用意志，他的左脑就越能控制和过滤流向意识的信息，从而限制心智化运作；越放任意志，他的大脑就越容易接收来自四面八方的信息。在临床工作中我们观察到，一个人越抑制思维，鼓励自己想象，注重当下的身体感受，他就越放松。思维流动时就如一连串的梦，我们可以推断出，一个人越是有梦境般的思维模式，思维越能发挥疗愈作用。下一章我们会参观一家从事情绪转换和整合工作的"工厂"，深入了解与睡眠和梦相关的知识。

▶ 第五章　睡眠、梦和情绪

FIVE

梦不会将我带到另一个世界，

梦会思考，思考中有我。

梦里的思考不是平常所说的思考，

因为这种思考，根本不知道自己在思考！

——J. B. 彭塔力斯（J. B. Pontalis）

《窗》

梦境往往令人捉摸不透，这些扭曲、非现实的画面到底有什么作用？情绪和梦境思维之间究竟有什么联系？接下来，我会带你进入睡眠和梦的世界。在这个世界里，意识将停下脚步，身体和心灵将交换信息。与睡眠和梦相关的知识在心身医学界占有很重要的地位。了解与快速眼动睡眠期相关的知识对维持身体健康和提高适应能力而言十分重要，在这个阶段，我们的大脑会在生理层面形成长期记忆。大部分梦是在快速眼动睡眠期出现的，有一种假设称梦会在心理层面展开链接工作，参与构建长期记忆关联链，其作用是从心理上缓解我们在清醒状态时产生的消极情绪。①

睡眠与健康

睡眠是一个奇怪又矛盾的现象。一方面，它让我们暂时忘却日常烦恼，我们将有几小时的时间不用去管什么责任和义务。有些人甚至把睡觉当成一种逃避的办法，只要一有痛苦情绪或不知道该怎么解决冲突时，他们就会逃进梦里。对这些人来说，睡觉可以让自己躲避危险。另一方面，睡眠又会让我们变得脆弱、不设防，因为人在睡着时，警惕性和对危险的反应能力都会下降。这就是为什么有时焦虑的人会难以入睡，因为睡着了对他们来说是危险的，他们必须时刻保持警惕，以免遭遇不测。

---

① 本章关于睡眠和梦的探讨，只列举相关科学实验描述及其结论，不讨论一些未经证实的猜测。

睡眠的两个阶段

多年来，睡眠一直是神经科学界研究的主题。法国研究员米歇尔·茹韦（Michel Jouvet）在几本畅销书里提到，大脑中负责睡眠的系统以及令苏醒和睡眠状态交替出现的主要中枢（所谓的昼夜节律）位于脑干，这两个阶段的交替节点能够通过个体大脑活动的变化而被识别。人在入睡后的第一个阶段被称为"慢波睡眠阶段"，其身体变化为心跳变缓、呼吸变慢、体温下降、代谢活动减弱、脑电波延长，所以这一阶段被称为"慢波睡眠阶段"。慢波睡眠阶段的持续时间大约为 60 分钟，然后人将进入"快速眼动睡眠阶段"。这时，人的面部和手指开始收缩，呼吸变得不规律，体温将升高，眼球开始快速转动，因此这一阶段被称为快速眼动睡眠期。当个体的大肌肉[①]静止不动时，血液将涌入他的大脑，其大脑活动将与清醒状态下的活动类似。这个阶段将持续 20 ~ 30 分钟，之后个体会进入下一轮慢波睡眠阶段，以此类推。一般来说，在个体入睡后的最初几小时，慢波睡眠阶段将占主导地位，越往后，快速眼动睡眠期越长，有时长达 60 分钟。这两个阶段的交替活动引起了研究人员的兴趣，他们迫切地想搞清楚二者在作用上的区别以及快速眼动睡眠期的作用。我们一直以为，一个人在睡觉时，他的整个身体都在休息，但

---

① 大肌肉：包括背部肌肉、腿部肌肉、胸部肌肉、腹部肌肉和肩部肌肉等大块肌肉。——编者注

大脑为什么会有与清醒状态类似的高强度活动？很多科学家都想解开这一谜团。

快速眼动睡眠期的作用

米歇尔·茹韦认为，快速眼动睡眠期对神经系统的健康发育而言至关重要，它的第一大功能便是促进个体神经系统的成熟。通过观察新生儿，他发现快速眼动睡眠期占婴儿睡眠时长的 50% ~ 60%。学界普遍认为，婴儿在出生时就拥有必要的神经装置，他们必须通过学习推动其发展。由于婴儿在刚出生的几个月有很多新体验，而且这些体验会以非常个性化的方式塑造他们的大脑，所以研究人员认为，快速眼动睡眠期有助于稳固个体大脑所学到的内容，这一作用不仅仅发生于人的婴儿期，而是贯穿人类的整个生命周期。相关研究也已经证实，长期记忆便是在快速眼动睡眠期形成的。快速眼动睡眠期的第二大功能是可以重新激活个体由基因编码的反射行为，比如遇到危险时，一个人为了保命会出现逃跑或攻击行为。实际上教育的目的就是教我们压抑这些本能反应，并教给我们大部分人能够接受的表达方式，但因为这些本能关乎生命安全，所以快速眼动睡眠会在每天晚上重新激活这些信息，以防其丢失。这个阶段的第三大功能是协调并且把人类新获得的知识和体验与遗传行为模式联系起来。也就是说，在快速眼动睡眠期，我们的大脑会协调我们在白天学到的社会规则及与其生存机制有关的生物需求。

梦与情绪整合

对大部分人来说，思考是一种有意识的活动，但奇怪的是，大脑是在我们不知不觉的情况下进行思考的，因为它会无意识地把各种信息（感受、情绪、心理图像）联系起来。梦正是这种无意识的思维活动，人的身体、情绪和心灵将在梦中相遇。要想了解梦是如何在体内平衡中发挥重要作用的，我们必须首先了解这种心理活动和快速眼动睡眠期生理机制间的关系。

梦和快速眼动睡眠期

米歇尔·茹韦（1992）对睡眠和梦之间的关系很感兴趣。他发现，在不同时间唤醒睡着的人，会得到不同的结果。80% 在快速眼动睡眠期醒来的人称自己做梦了，而在慢波睡眠阶段醒来的人中，只有 6% 的人表示自己做过梦。后者报告的梦一般较短，通常由纯粹的思维、文字或简单的感受组成，而于快速眼动睡眠期醒来的人报告的梦则比较长，梦境丰富多彩且场景复杂。这一观察使得米歇尔·茹韦将快速眼动睡眠期等同于做梦阶段，科学界也认可这一结论，且把二者视为同义词。

克里斯托夫·德茹尔（1989）则认为不可将二者混为一谈。因为尽管被试在这个阶段报告梦境的频率最高，但无法证明二者就是等同的，现有的某些观察甚至鼓励我们做出区分。比如，如果快速眼动睡眠期等同于做梦阶段，那么有人会问，婴儿一天中有一半的时间都在睡觉，他又梦见了什么呢？我们的梦境有可能是由心理图像组成的，这些画面浓缩了外显记忆中的好几个事件，但由于人在婴儿时期心理还未发育成熟，而且无法使用语言，所以他们无法形成画面。一方面，人在快速眼动睡眠期确实出现了一定数量的梦，但尚有 20% 的被试在快速眼动睡眠期醒来，却称自己并没有做梦，这些都是不容忽视的事实。你可以说这些人其实做了梦，他们没有记住，但既然梦是一种心理活动，是主观体验，只能由主体报告而无法被观察，那么这一点该如何被证明呢？另一方面，快速眼动睡眠期是一个客观、实际、可被观察的阶段，和梦不同，这个阶段可以被用来做实验。鉴于二者性质不同，把它们等同起来确实不可取，我们最多可以说，梦大多发生在快速眼动睡眠期，二者有特殊的联系。

德茹尔还提到了一些神经科学方面有关梦境记忆的最新发现。研究表明，如果人在醒来时还能记得做过的梦，那么这个梦一定已经被记录在长期记忆中。这个记录过程发生在快速眼动睡眠期和苏醒之间的一段很短的时间内，我们可以通过脑电图①对其进行监测。所以，若我们在醒来时无法回忆起梦境，说明这个梦（假设我们确实做梦了）还没有被整合到长期记忆网络中。我们在醒来时还记得的梦，往往过几小时就会被忘记，它们就像我们脑海中一闪而过的念头，会被更有用的想法取代，但是在接下来的几天里，某种感觉或者某句话还能让我们想起这个梦，所以大脑对这个梦其实是生成了记忆的。这一科学发现对人类体内平衡方面的研究产生了深远的影响，意味着人们在醒来时之所以想不起来一些梦，可能是因为心智化运作使梦的画面没有被记住，所以它也无法唤起人们的感觉或情绪。从心身管理的角度来看，个体若在醒来时不记得一个梦，那么等于他没有做过这个梦。

---

① 脑电图：英文为 electroencephalogram，简称 EEG，是脑电波的电子曲线图，是一种使用电生理指标记录大脑活动的方法。——编者注

梦、压抑和陈述性记忆

基于这些观察、研究，德茹尔建议把快速眼动睡眠期（生理现象）和做梦（心理构建）区分开来。这样一来，我们可以按照先情绪后感觉的原则把记忆过程分为两个阶段，一个是生物阶段，另一个是心理阶段。我们已经知道，通过把新事件整合到已经形成的记忆网络里，快速眼动睡眠期也参与了生物记忆的构建过程。德茹尔提出了一个假设，他认为在快速眼动睡眠期结束后的一小段时间里被记录的梦，是在快速眼动睡眠期于生物学层面所做的工作的基础上，个体在心理层面又做的工作。梦里的画面是对生物记忆过程中神经元连接变化的心理转译，即将当天的思绪与潜意识结合起来，这有助于构建心理记忆。梦不仅仅有西格蒙德·弗洛伊德（Sigmund Freud）提到的释放压抑的功能，还有制造压抑的功能。将记忆过程分为两个阶段，还可以解释为什么生理记忆可以在没有任何心理记忆的情况下存在，以及为什么被人们记录在身体里的事件可以跳过大脑，直接影响人的身心功能[①]。

---

① 《疗愈性思维》一书的第十章专门讨论了由创伤引起的躯体化，这些创伤被记录在人的身体记忆里，无法通过思维代谢。

梦与消极情绪

弗洛伊德认为，梦是为了满足人潜意识中被禁止的欲望[①]。这些欲望若是在白天出现会引发焦虑，所以为了避免不舒服，人们会想办法赶走这些念头，而人在睡着以后，意识活动减弱，欲望便可以通过梦表现出来，获得满足，且不会引发焦虑，因为欲望会以一种扭曲的方式呈现，逃过"审查机制"，所以我们在醒来时，常常觉得自己的梦牵强附会、匪夷所思。心理障碍临床研究发现，虽然存在一些符合这种说法的梦，但并不是所有的梦都是这样，比如那些重现创伤情景的噩梦。所以弗洛伊德的假设并不足以概括梦的全部功能，但他的思路已经为各项研究和理论指明方向。

精神分析学界的科学家和理论家们越来越相信，梦的主要功能是处理人在清醒状态下经历的情绪事件。不论其性质如何，其处理方式不是在梦境中实现那些被禁止的欲望（虽然偶尔的确如此），而是对有问题的那一部分进行整合，帮助人的心理恢复良好的状态。所以，梦就像一座变废为宝的肥料工厂，其作用是把情绪（紧张的来源）转化为思维可以运用的素材：心理图像。白天，让人不舒服的想法会被暂时搁置，到了晚

---

① 西格蒙德·弗洛伊德，《梦的解析》（*L'interprétation des rêves*），巴黎，PUF，1976。

上它就成了造梦的素材。梦会先对其进行识别，再把这些想法与先前被压抑的图像联系起来，引入关联链。

梦，心身组织者

梦会把白天发生的事件和心理记忆联系在一起，所以德茹尔认为梦的功能之一是压抑。梦会为情绪事件找到意义，把它加入已有的关联链，或者如果我们的潜意识里没有类似的记忆，梦会创建一个新的关联链，以便心理记忆在需要时能够用到这些记忆，为情绪事件赋予意义能缓解由消极情绪带来的身体紧张。一旦整合完成，意识就会遗忘事件，因为它本身已经不再是个问题。梦通过缓解一些身体上的紧张，成了身体自愈的关键，所以德茹尔（1989）认为梦是"心身组织者"。在长程心理治疗中，来访者梦境增加的情况并不少见，治疗激活了心智化运作，使得他们长期积压的情绪事件被处理。

梦的疗愈功能和梦境的性质不无联系。梦里扭曲的现实有其重要性：梦中扭曲的画面凝聚了大量信息，它们有些来自白天发生的事件，有些来自个体的记忆，这种扭曲正是心理的产物。梦里的每一幅画面都位于好几个关系链的交汇处，所以能把事件引发的各种情绪整合到所有的关系链里。一个梦如果完全再现了白天所发生的事件，内容合情合理、没有扭曲，则代表它是由思维构成的，这种思维与情绪失去了连接，这也是个体缺乏想象力的表现，表示其既无法把事件引起的感觉和情绪转化为图像，也无法把这二者与心理记忆里的图像联系起来，所以这种梦境思维无法为未来的心智化运作提供原料。

梦和创伤

为了情绪问题可以在梦里被解决，它所引起的不适感必须在人们可以忍受的范围内，这样梦才能促进心理图像的形成。有时，一个事件引发了个体强烈的情绪，使其紧张感激增，这时他会感到非常不舒服，痛苦得无法思考。人被情绪淹没时，行为也会不受控制，甚至没有办法坚持到晚上，这就是所谓的心理创伤。创伤对大脑来说可是个难题，代表它必须处理大量混乱的信息。在接下来的几个晚上，大脑会通过梦将创伤整合到长期记忆中，以便人们忘却创伤，继续前进。可有时问题太严重，大脑做不到这一点，痛苦的创伤就会把梦变成噩梦，惊醒便是大脑整合失败的一种表现。只要事件是作为一个需要被解决的问题出现在大脑里，梦就会不知疲倦地吸收与创伤有关的元素努力解决问题。创伤发生后，个体反复做噩梦，说明他的心理在努力解决问题，这一过程虽然让人难受，但它仍然是疗愈创伤的核心。危险之处在于，人们有时会因为害怕再一次从梦中惊醒而无法入睡，导致一个恶性循环：已有的症状加上失眠，引发疲劳和抑郁。

噩梦

自古以来，一直有人想解开梦的谜团。古人认为，梦可以预见未来，是一种加密信息，代表行为规范或者预示着危险。梦境里充满各种符号和象征，甚至有人编制了解梦词典，以便大多数人自行套用。但其实解梦并没有那么容易，因为梦是一种主观的、个人化的现象，对其进行解读离不开做梦者自身的联想，而且梦里的画面不是按照意识思维法则构造的，所以受过专业训练的人才能对梦进行分析，比如精神分析师或心理治疗师。

弗洛伊德将释放压抑作为精神分析治疗的主要目的，并认为解梦是一种极好的治疗手段。他通过邀请来访者对梦中出现的元素进行自由联想，一点一点地将潜意识意识化，从而帮助来访者发现是什么在不知不觉地扰动他、驱动他。如果对梦的解读本身便能够帮助我们增强自我认知，那么从心身医学的角度看，其调节平衡的功能并不取决于我们对梦理解得正确与否。

梦是通过链接功能开展疗愈工作的，所以无论我们是否解读梦的含义，这一过程都有助于为身体紧张提供心理出口。梦的存在证明了一种积极的、创造性的"疗愈性思维"在发挥作用，而梦的缺失则代表人与梦有关的功能出现了障碍。

有些人会被梦里出现的念头、画面和情绪所困扰，甚至因为怕做噩梦而无法入睡。如此害怕自己的梦，往往是因为他们认为梦境既真实又恐怖。但是，梦并不是对外部现实的精确转译，而是一种想象的产物，由象征性画面组成，所以我们不能按照表面意思去理解它。即使梦借用了一些现实生活中的元素，也代表了另一层含义，正如我们所看到的，扭曲现实的画面凝缩了大量的信息，人在白天的思绪、情绪和感觉与来自心理记忆的各种元素混杂在一起，没有按照常理，而是根据情绪世界的逻辑被重新排列，并在很大程度上跳过了意识。正如克龙贝（Crombez，2007）指出的那样，人们对梦的恐惧往往伴随想象力受阻，他们尚且无法区分心理图像和客观现实，更不用说与之游戏、乐在其中了。

做梦的能力

正如前文所述，并不是每个人都拥有做梦的能力。要想做梦，人们需要有一定的内在安全感，而且能够轻松对待想象出来的内容。你可以找一个让自己感到安全的地方睡下，放下生活中的烦恼，从内在世界丰富的画面和惊喜中享受乐趣。如果你觉得睡着会让自己没有防备，就很难天马行空地造梦，出现的梦境也往往令人难受，而且你经常从梦中惊醒。还有一些人为了逃避现实而睡觉，大部分时候，他们虽然睡着了却没有做梦，就像逃避白天的情绪一样，也逃离了夜间的幻想。

这种安全感和放松感是人在母婴关系早期获得的。母亲知道如何满足婴儿的生理需求，她会用温柔和关怀浇灌他，日复一日地向婴儿传递一种信心，即外界能够保护他，并让其在母性的温情里安然入睡。这种充满温柔和关怀的母婴关系是孩子获得做梦能力的必要条件。刚出生的婴儿一吃饱就呼呼大睡，但到了七八个月大时，他们入睡的速度会变得慢一些，但只要焦虑被平息，生理需求被满足，他们便可以全然放松，进入自己的世界。这时，孩子的头脑里会慢慢地浮现一些画面，这些画面再现了母亲的形象，伴随着这些画面，他睡着了。从想象中获得乐趣对于提高个体做梦的能力而言至关重要，它帮助孩子不过于害怕梦里怪诞、痛苦的画面。

一个没有得到爱的孩子，即使生理需求得到满足，他也无法发展出这种自信。无法依赖那个保护他的人，便不能拥有让自己快乐、安心的心理图像。他会将上床睡觉的一刻与孤独感、被抛弃感联系在一起，独自面对内心的怪物将使他手足无措、紧张不已，最终被恐惧淹没。经过一番斗争，他精疲力竭地睡着了，但大部分时候没有梦，或者他的梦变成了噩梦。为了好好睡一觉、做个好梦，孩子还必须学会控制自己的情绪。由于他还不能把情绪转化为感觉和语言，母亲需要承担这部分工作，把他所经历的内在混乱用语言表达出来，安抚他，帮助他形成心理图像。如果没有成年人帮助他把这部分经历言语化，他就不知道该怎么处理紧张情绪，无法编织心理图像并激发梦境，那么他在晚上会出现夜惊[①]现象。

人一旦拥有了做梦的能力，心智化运作的能力也随之出现。在思维形成后，语言会慢慢出现，想象力也将由此产生，常见诸象征性的游戏、夜间的梦境、白天的幻想等。孩子在 2 ~ 2.5 岁大时开始能够通过心理工作疏导紧张情绪，压抑也是在这个时候出现的。

---

① 夜惊：指个体突然从沉睡中惊醒，常伴有因强烈恐惧而产生的尖叫、异常行为和交感神经功能亢进等症状。——编者注

▶ 第六章　应对消极情绪的
　　策略

SIX

头脑习惯隐藏和掩盖，

但身体知道一切，

因为身体，战斗过。

——亨利·包豪（Henry Banchau）

《环路》

有时，某件事引发了焦虑和愤怒，我们即便努力思考，也只是反复想着事件本身，并没有对困扰多一丝理解，反而在原地兜圈。思维此时之所以无法起到疗愈作用，可能是因为某些东西阻碍了信息流动，思维缺少这些信息便无法运行：要么是个体的情绪没有到达意识，要么是个体的大脑无法随意调阅心理图像来找到令人满意的解决方法。以下三个原因可以解释为什么信息在流动的过程中会遇到阻碍：第一，感觉和思维是我们可以控制的，我们的某些感觉或想法有时会引发自责，有时会引发羞耻感，这时一种本能反射会把这些感觉和想法赶出意识，在这一过程中，我们的心理会使用各种策略，它们被称为防御机制，它们会将问题赶走，这样我们便可以继续做该做的事，但这种防御机制阻碍了想象；第二，用冲动行为快速释放紧张也会令个体的思考能力变差，因为冲动会抑制心理表征的出现；第三，当心理难以把创伤事件记入长期记忆中时，心智化运作也将失败。

防御机制

所有自我在潜意识中采取的策略都被称为防御机制，这些机制可以保护我们免受冲动伤害，或者不被情绪事件所影响[①]。当我们的某些冲动情绪与社会认可的道德规则相违背时，防御机制就会被启动，目的是不让我们意识到这种驱力或情绪。防御机制也可以用于自恋动机，当个体意识到自己的某些冲动或情绪可能会使自己的自尊受损，产生令人难以忍受的羞耻感时，其也会启用防御机制。大部分防御机制是在我们无意识的情况下发展和运作的。这些机制防御的方式各有不同，有的

---

① 伊丽莎白·卢迪内斯库（Elisabeth Roudinesco）和米歇尔·普劳，《精神分析词典》（ *Dictinnaire de la psychanalyse* ），巴黎，Fayard，1997。

阻止某个表征进入意识，有时攻击情绪本身，它们都是自我的产物。自我是一个内部操作员，通过协调需求和冲动以及外部世界和现实需求来指导个体的行为。个体的防御机制虽然往往是一触即发的，但它们也会对思维产生一些影响，因为在防御的时候，个体的情绪被排除在外了。

精神分析界罗列了大量的防御机制，主要有压抑、否认和隔离，其他所有防御机制都需要先启用压抑和否认。为了比较不同的防御机制对思维在调节内在平衡过程中所产生的影响，我会重点介绍这三种防御机制，正如德茹尔（1989）所说，它们也是"遗忘"内部紧张和不快的三种方式。我将继续沿用《疗愈性思维》里的例子，阐述行为和心智化运作处理内部紧张的不同方式，比较各个防御机制对思维过程的有效性。

前情提要：S 先生、T 先生、P 先生和 R 先生都在工作中与同事起了冲突，通过行为或心智化运作，他们各自采用了不同的应对方式。为了更好地阐述以上三种防御机制，下文我将再加一位 M 先生。

压抑：既遗忘又保留

在一次会议上，几个同事起了冲突，S 先生当即表达了不同的意见，为了不伤害在场的同事，他没有提高嗓门。其中一个同事还是不依不饶，S 先生突然发现自己很想去保护某个被群起而攻之的年轻人。S 先生看到有些人怒火难平，又怕自己被情绪淹没而说出过激的话，便提出休会，过几天再讨论，给大家时间平复一下心情，从而可以更理智地看待这件事。回到家后，S 先生把这件事情告诉了妻子，这时候他意识到自己比想象得更激动。经验告诉他，当人被情绪淹没的时候是没有办法厘清思路的。为了释放压力，他运动了一会儿才上床睡觉。尽管运动让他放松了一些，但他还是睡不着，一阵悲伤袭来：他觉得自己没有在团队中起到好的作用，但同时他也知道这场冲突其实和他没有什么关系。他让自己在情绪以及随之而来的想法里沉浸了一会儿——只是沉浸了一会儿，而不是想办法理解它们。过了一会儿，他睡着了。夜里，他做了一个古怪的梦，在梦里，他必须克服好几个障碍去帮助一些有困难的人，但他发现自己根本帮不了他们，他感到特别难过，而且他越帮忙，情况反而越糟糕。梦中还出现了他的高中老师以及刚刚去世的弟弟。尽管经历了种种困难，这个梦最终有一个圆满的结局。醒来后，不知道出于什么原因，他感觉好多了。

S 先生知道自己要面对这些感受，所以他选择让感觉停留并滋养思绪，于是他做了个梦，梦里的画面并没有完全再现现实，说明链接工作在发挥作用。可能 S 先生在会议期间对某位同事产生了有攻击性的想法，而且想过要偏袒他比较喜欢的同事，但他的良心不允许他有这样的想法，所以梦要解决这个矛盾，这些念头被暂时搁置。到了晚上，梦提取出这些被搁置的念头，让它们与之前带来类似情绪的事件相关联：他的梦中出现了让他生气的老师和他想保护的弟弟。白天的情绪事件通过将自身整合到已有的关联链而有了意义：压抑让个体的心理能够对事件进行分类并"遗忘"，为情绪找到心理出口，缓解了身体紧张，所以 S 先生在醒来时感觉好多了。

在所有的防御机制中，压抑是比较特殊的。压抑并不一定不好，反而是一种最具适应性的防御机制。在上文的例子中，这种无意识的防御机制旨在把个体认为具威胁性的表征排除在意识之外，但这并不等于真正遗忘，因为表征被压进心灵深处的潜意识。就像我经常说的，压抑喜欢和意识玩捉迷藏：它让我们以为某些想法不是我们的，但我们的内心深处有一部分还是知道，它就是我们的想法。压抑把我们想要忘记的内容保存在档案里，为想象力提供参考，帮助我们解决情绪问题。举个例子，S 先生如果允许梦里的图案渗入意识，他可能会意识到他的高中老师与白天惹怒他的同事在性格上有相似之处，由于他经常和这位老师发生冲突，这种联系有助于他承认自己其实对同事感到愤怒。梦里心爱的弟弟可能会让他想起团队里那位年轻的同事，也会令他意识到自己其实想要保护那个同事，但这样做只会让情况变得更糟糕。认识到这两点，他便能更客观地看待冲突，调整自己的反应和心态。

虽然大部分时候压抑有助于心智化运作，但有时也会对其造成阻碍，T先生便是这样的例子。在一次开会的时候，他有种愤怒、悲伤、失望交织在一起的感觉，愤怒很快被巨大的恐惧所取代，让他感到思路混乱，他的内在发生了强烈的冲突，他说不出自己对其他同事的观点有什么看法。会议一结束，焦虑就笼罩了他。晚上，他回顾了白天发生的事情，估摸着这场冲突可能会对团队造成很大的影响。他发现自己对挑起事端的人感到很生气，但又立刻为这个感受而自责，于是把这些想法和感受一并赶出了大脑。不过有一个细节不断地出现在他的脑海中：部门经理责备的眼神。他隐约觉得经理认为他应该对冲突负责。他在心里为自己开脱，但越想越觉得自己应该对这件事负主要责任。躺在上床，他焦虑得睡不着觉，又想起过去犯的一系列错误，感到惶恐不安。他不断地想着这些事，焦虑不仅没有得到缓解，反而变得更强烈了。T先生就这样翻来覆去几小时，终于昏昏沉沉地睡着了，但一场噩梦将他惊醒，梦里有个男人因为一点小事儿用手指着他，威胁说要开除他，虽然外貌和现实生活中不太一样，但他认出这个男人就是部门经理。他想为自己辩解，又不知道该说什么。一个特别的细节引起了他的注意：此人手上戴着一枚戒指，这使他模模糊糊地想起了什么，可又想不起来具体是什么。醒来以后，他再一次陷入内疚的泥沼。

T 先生意识到自己的感受和想法，可是只要是和愤怒有关的情绪都会让他感到很不舒服。当脑海里出现与愤怒相关的画面时，他会有一种巨大的内疚感，他会立刻把这些画面赶走。当他看到自己不太喜欢的同事正处在不利情形时，他会在心里偷笑，但他把这份窃喜也隐藏了起来。内疚让他自责，莫名地害怕受惩罚，噩梦的出现其实代表了大脑在想办法解决冲突。部门经理的形象在梦里被扭曲了，但 T 先生的心理成功地把事件与某些记忆联系起来，使得这些记忆被凝缩在一个陌生人身上。那个陌生人的手上戴着一枚戒指，可惜这个形象让他想起了很多自己想要否定的东西，痛苦淹没了他并打断了梦境。醒来以后，他继续否定那些引发愤怒的想法，这些想法因此无法有效地参与思维工作。如果他不那么害怕这些想法，可能会从部门经理身上看到他曾经的老师，在因为自己和同学打架而责备他；或者是他的母亲手上戴着类似的戒指，在因为他欺负弟弟而严厉地训斥他。这种心智化运作会让他意识到，他其实希望看到同事被经理批评，承认了这一点，他便能看到自己隐秘的一面，并对同事产生同情心。他若拒绝承认愤怒情绪，思维将一直空转，他的不适感也将变得越来越强。

思维之所以有时会变成一团乱麻、不能帮助我们解决问题，是因为某些我们自认为具有威胁性的情绪或想法不管不顾地冒了出来。为了阻止这些情绪和想法到达意识，我们的心理会启用其他防御机制进一步压抑它们，也就是清除这些内容，在 T 先生这里，否定攻击性就起到了清除作用。还有一些类似的防御机制，它们虽然运作方式略有不同，但是目的都是阻止个体被压抑的表征进入意识。清除往往会让思维陷入恶性循环，因为它会阻碍心智化运作，让个体的思维陷入晦暗，情绪陷入痛苦，如引发过度焦虑、过度愧疚等。我们可以在 T 先生身上看到这种恶性循环，他在谴责攻击性之后产生了内疚，而内疚加剧了攻击性，因为他的真实感受——愤怒，被不断地否认，所以思维只好盯着另一个情绪——内疚，因而个体的内部紧张无法得到缓解。在大部分时候，这种恶性循环所强化的感受在当下显得既不合情也不合理：T 先生对一切都感到内疚，一点微不足道的错误也会令他诚惶诚恐。在意识层面，他不断自责，不断内疚，实际上真正使他内疚的是他的攻击性，但是他因为不断排斥这一情绪，所以并不知道这一点。

进一步遗忘：否认

M 先生的反应和 T 先生既有共同点也有不同点。在会议上，对于挑起争端的那个同事，M 先生感到十分愤怒。他觉得这个人一进公司就在盯着自己的位置，想把他赶下台，他认为此君在讨论时的态度进一步证明了他"没安好心"。那天晚上，他像 T 先生一样，反复回忆白天发生的事情，脑中一片空白，无法平静下来。不过和 T 先生不同的是，M 先生并不内疚，而是对这个喜欢搞事情的人感到怒不可遏。

对于自己不接纳的那一部分，M 先生的头脑用了另一个技术来遗忘：否认，一种比否定更强大的机制。否定只是攻击内部现实，但否认会通过歪曲外部现实来赶走个体不能接纳的想法，让我们来看看否认是怎么运作的。M 先生是一个有野心、有抱负的人，在工作中，他总是力争做到最好，很难容忍别人超过自己。力争上游无可厚非，有时候这是一种强大的动力，能让人将自己的潜力发挥到极致。但问题是，M 先生越来越觉得自己不仅要超越对手，而且要让对手望尘莫及。这么一想，他立刻觉得对方也是这样想的，认为对方也把他看成竞争对手，他越来越鄙视他的假想敌，想破坏对方在大家眼里的形象，可是他又不能接纳自己有这样的想法，于是他就启动了否认机制，觉得自己之所以这样想，是因为对方先有这样的想法，即对方既鄙视又嫉妒自己。从实际情况来看，这些想法或许是说得通的，因为这个同事确实很有实力，但 M 先生扭曲了现实：他觉得对手想压制他，其实是他自己想压制对手。

和压抑一样，个体在否认时也拒不接受自己认为具有极大威胁性的表征，但压抑是把不能接纳的表征放入潜意识，而否认根本就不允许这些表征的存在。这就是为什么否认在运作时需要结合另一个防御机制：投射，把让人不舒服的想法归到他人身上。其心理过程是这样的：① 我想除掉对手；② 不，我从来没有这样想过；③ 是他想要除掉我（愤怒引发的想法被归到他人身上，所以自我就更容易被接受了）；④ 我对他愤怒是有道理的，因为他想要除掉我。当这部分想法最终被转移到外部，与其有关的表征就不能再和心理记忆里的其他表征联系在一起了，这对于心智化运作而言是一个重大损失，因为一个表征如果不能进入关联链，那么它就不能为思维提供参考。如果思维陷入泥沼，个体的报复之心会愈演愈烈，让人不得安宁，比较脆弱的人会更多地使用否认这一防御机制，但当个体的情绪过于强烈时，所有人都难以幸免。

扼杀情绪的遗忘：隔离

在会议上，R 先生默默观察，一言不发，时不时紧张地笑一下，但马上又忍住了。在冲突最激烈的时候，他隐约觉得身体不太舒服，感到潮热、心悸，但是他感觉不到任何情绪。不适感让他在会议结束后立刻离开了办公室。回到家里，他随口向妻子提起这件事，坚持认为同事的反应太过于情绪化，很"幼稚"。晚上，他在家处理文件，看上去是在专心工作，但如果仔细观察，你会发现他有点烦躁：他不停地吃糖、抖腿、咳嗽、眨眼，一会儿站起来，一会儿坐下去。他感受到了内在的紧张，但并没有把这种紧张和下午的事联系起来，很快便睡着了，当晚一夜无梦。后来的几天里，他的身体出现了一系列问题：消化不良、莫名出汗、头痛，直到回到办公室才恢复正常。

R 先生用了另一种机制来防御愤怒带来的痛苦：隔离。压抑和否认的攻击目标是表征，压抑把表征压抑进潜意识，否认把个体自己不能接受的想法投射到外部，而隔离则是阻止情绪进入意识，没有感觉，就无法产生心理图像，当事人在谈论事件的时候，其思维和情感连接是被切断的，这种防御机制被称为"理智化"。精神分析学家皮埃尔·马蒂（Pierre Marty）把这种现象称为操作性思维[①]，即一种纯理性的、逻辑性

---

① 请参考《疗愈性思维》第九章。

的思维，个体拒不接纳所有想象的产物。没有表征，心智化运作就无法开展：思维无法发挥疗愈作用，这时，所有的能量都指向一个目标——释放紧张，这就是 R 先生"停不下来"的原因。当他的行为不能缓解这种紧张时，他就会出现各种身体疾病。喜欢运用这种机制的人往往很少做梦，或者完全没有梦，少有的几个梦的内容也是对白天事件的重现，说明其没有产生心理链接。

见诸行动

摆脱消极情绪的另一个方法是"见诸行动"：摔门、打架、出手就是一拳。当冲突爆发时，P 先生"勃然大怒"，因为情绪太强烈了，他的脑子一片混乱，根本无法思考，他咬紧牙关、捏紧拳头想要控制自己，过了几分钟，他实在忍不住了，一拍桌子，一句脏话脱口而出，他猛地站起来离开了会议室，"砰"的一声关上了门。一到家，他就对着妻儿发泄怒火，看什么都不顺眼。过了一会儿，他意识到自己言行不当，但他又没有别的办法，只好把自己锁在屋里，谁也不见。他不停地走来走去、坐下去、站起来，最后他决定跑步，跑了整整一小时，回到家倒头便睡，一直睡到第二天早上，也是一夜无梦，但醒来以后，他感觉轻松多了。

严格来说，见诸行动并不是一种防御机制，相反，它标志着防御的失败。与隔离不同的是，见诸行动发生时，当事人能够感知生理变化并识别感觉，但不舒服的感觉实在太强烈了，以至于他无法控制自己，无法思考并给情绪以一定时间使其渗透到思维并形成心理图像，即他通常用行动发泄情绪。心理图像需要一定时间才会形成表征（有意识或无意识），在这段时间里，特别是当个体的情绪很强烈时，控制情绪对他来说是十分困难的。冲动行为为情绪提供了一条快速的逃生通道，这条通道绕过了心理图像的构建，所以个体的心智无法开展工作。这就是为什么我们说行动是思考的对立面（见图 6-1）。

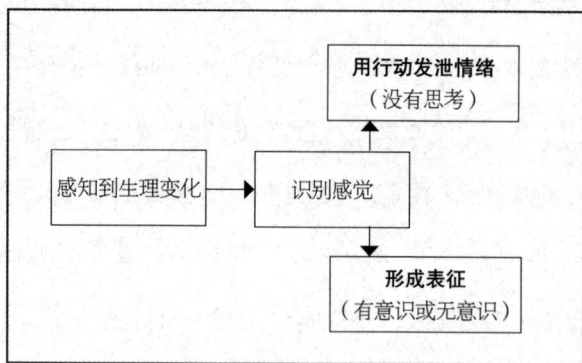

图 6-1　行动，思考的对立面

单个行动是没法消除高度紧张的，为了宣泄愤怒，P 先生不得不采取好几种行动：拍桌子、摔门、对家里人发泄怒火，在家里踱几百步，最后慢跑了一小时。虽然 R 先生没闲着，但和 P 先生不同的是，他生气时根本没有意识到自己在抖腿，所以不能算作见诸行动。见诸行动能够缓解紧张，但这种缓解只在短时间内有效，个体今后一旦面临类似的状况，就不得不再次通过一系列冲动行为恢复内在平衡。换句话说，P先生永远无法从这些经历中成长，因为不动用思维，就无法从经历中学习。此外，由于P先生这类人很少克制冲动行为，常常会言行无状，所以他们的人际关系往往也比较差。

最具适应性的防御机制

综合来看，还是压抑对于适应环境而言最有用。压抑有助于个体构建长期心理记忆，为思维提供参考，如果没有压抑，我们的头脑会不断地陷入负面思维，注意力无法被集中。强化压抑的防御机制，比如否认和隔离，都有助于控制强烈情绪，但压抑最具有适应性，虽然它有时会干扰思维工作，但仍然大有裨益，压抑的作用是快速处理突然之间出现的、会给人带来困扰的本能冲动。由于我们的思维需要一定时间工作，所以压抑在短时间内很有价值，如果没有压抑，我们的自我将不堪重负，无所适从。

防御机制的使用可以反映个体性格方面的不同，只要不过度破坏想象力，防御机制就会参与情绪调节，从而帮助个体适应环境。但是如果个体已经出现心理症状，例如恐惧症、强迫症、慢性焦虑症、惊恐发作、抑郁症，或者有了身体疾病，久治不愈，则说明他的防御机制已经被破坏，思维的疗愈功能严重受损，个体被剥夺的那一部分自我很痛苦。心理治疗可以帮助患者重塑防御机制，使其可以快速调整情绪，让思维发挥作用，长远来看，他将获得更好的适应能力。

▶ 第七章　从痛苦中找到意义

SEVEN

危机就像一头公牛，

可以冲破内心的防线。

——克里斯蒂亚娜·桑热（Christiane Singer）

《善用危机》

世界在不断变化，虽然我们每天都在沿着同一个轨道行驶，但还是会不断遇见不同的人、不同的事以及各种快乐、悲伤和烦恼。情绪能帮助我们做出良好的反应，因为它会为思维提供线索，帮助我们理解生活中的酸甜苦辣。如果我们无视自己的感受，就无法从事件中发现意义，从而陷入痛苦，痛苦是在提醒我们自己的某一部分被忽略了。痛苦迫使我们停下脚步，问问自己的心，反思一下自己以往的生活方式及思维方式哪里出了问题，去寻找那个被忽略的部分。

人是追求意义的动物

为了应对生活的无常，适应周遭的环境，我们需要对环境有所了解。每遇到一个人对我们的大脑来说，都是一个需要解决的问题，而情绪就是我们的引路人。举一个常见的例子：你遇见了一个人，对她颇感兴趣，你很注意自己的言行举止，想对她多一些了解，好知道该怎么和她相处，但你的内心早就有了一套标准，你的身体会有反应，告诉你对她的感觉是好还是不好。你观察她，听她说话，寻找线索证实自己的感受，同时根据自己的感知和解读来调整言行。总之，你在基于自己的情绪和过去的经历为这次见面赋予意义。

这个意义会不断变化，你的每一个新的发现都会改变先前的感知，引发新的情绪，继而推动思维工作，改变你最初看待人、事、物的方式。在跟她接触了一段时间以后，你对她有了一定了解，随着了解逐渐深入，你对她的看法也会发生微妙的变化，这一看法甚至和第一印象完全不同：你虽然对她的第一印象不太好，但你发现她身上有一些出乎你意料的品质，慢慢地，你开始欣赏她，你会惊讶自己以前竟然对她有那么多误解。

构建意义、现实和自我认同感

我们为事件或相遇赋予意义依靠的不全是理性，更多是直觉。情绪就像一个谜，我们的大脑在解决情绪问题时，会根据已有数据进行分析，分析的内容包括我们的经历、经验、感知和信念，我们解读所感知到的一切时往往带有主观色彩。换句话说，我们从来都不是绝对客观地看待现实，而是根据现实对我们产生的影响来理解它。比如每个人对狗的看法都不同：有人觉得狗是人类的朋友，有人完全无感，还有人觉得狗很危险，人们最好离它远一点。小事如此，大事亦然。这就是为什么在面对同样一件事时，不同的人会赋予它不同的意义。虽然我们的看法在不断变化，但我们永远无法肯定地说，我们对某个人、某件事的理解或认识是 100% 正确的。我们就像生活在海市蜃楼里，所看到的景象或多或少是扭曲的。

构建意义是适应环境的关键所在。我们说某件事"讲得通"，是因为它符合我们理解现实的方式：我们可以把它归类、整合到过去的经历中，然后继续前进。越是不熟悉的情况，越会破坏我们内在的稳定，就越需要我们了解，好知道该怎么应对。一件事如果无法"讲得通"，就会让我们感到不舒服甚至恐惧、焦虑。大脑通过构建意义能够平息这种不适感，因为意义反映了我们深层次的感受，让我们找到自己，使自己和自我认同感保持一致，因而为我们带来安全感和完整感。自我认同感是指，虽然经历了很多变化，但我"依然是我自己"，是我一生中所构建的所有意义的总和。我们越努力去理解自己的经历，也就是说，越动用思维，自我认同感的基石就越牢固，我们的内聚力和自我同一性也就越强。

变化、意义和平衡

从出生到死亡，我们在不断地变化。我们在人生的各个阶段，不管是童年、青春期、更年期、退休或老年，都会发生巨大变化。遇到不同的人、不同的事，走到人生的各个路口，以及经历的分离、丧失、工作变动等都会令我们产生变化，而且这种变化往往更微妙。当个体的人生从一个阶段过渡到另一个阶段，变化会带来不确定感，使其感觉迷失并不禁自问道："我到底发生了什么？这种不适感究竟是从哪里来的？"怀疑、矛盾、困惑是个体产生改变所必须经历的情绪，毕竟没有失衡，没有迷失，个体的内在就不会真正地发生转变。我们如果能够忍受不确定性，给思维一定的时间去工作，往往有很大收获：在自己和新事物之间建立新的联系，重新找回平衡。虽然这种联系是主观的，但我们仍会紧紧抓住它，因为它会让我们感觉好很多。

情况的复杂性、情绪的种类和强度都会影响构建意义所需要的时间。我们在遇到一个新朋友时内心所产生的不确定感，可能比处理工作中的冲突、离婚或失去亲人时要少一些。举个例子，一位男性结婚好多年了，对夫妻关系总体上是满意的，但有一天，他爱上了另一个人，心中的平衡被打破了，他产生了大量矛盾的情绪。此前，他对妻子一向十分忠诚，也很依恋她，他不知道自己为什么会对另一个女人意乱情迷。他感到左右为难，知道不可能一直这样下去，自己迟早要做出选择。但是他做不到，他不知道自己身上到底发生了什么，但令他不舒服的不仅是要在这两个女人中做出选择这件事，这种失衡迫使他重新审视自己的亲密关系，并努力去理解这位女性对他来说到底意味着什么，自己是否在没有察觉的情况下忽略或者排斥了内在的某一部分，生活让她出现在他的生命中，是不是为了提醒他什么。他的心智需要时间来解决这些复杂的问题，只要他还没弄清楚自己到底发生了什么，就得一直活在不确定感和其他各种不适感中。为了消除不适感，他可能会忍不住做些什么，但是把感受放在一边，只靠逻辑或理性仓促地做决定，只能为他带来一时的解脱。

生活是由稳定期和不稳定期构成的，二者不断交替。没有人的生活会一直顺风顺水，总有一些意外让人不得不走出舒适圈，这一意外可能是有了孩子，可能是失业、疾病、亲人去世，也可能是遇到了一个重要的人，这些都会扰乱我们原有的思维方式或生活方式。为了找回平衡，我们必须构建新的意义，否则不适感将持续存在。这部分心智化运作不像逻辑推理，逻辑推理走的是直线型和连续型路线，而构建意义有点像在迷雾中前行：有时我们觉得自己好像理解了，然后脑海中又出现了一些感觉和想法，让我们再次陷入自我怀疑；隔了几天，我们突然又觉得自己懂了，然后又糊涂了……就这样走两步，退一步，渐渐地，我们有了一些变化；又过了一段时间，我们看待生活的眼光变了。复杂的情况永远不会只有一种意义，当我们感觉自己理解了它们时，便可以带着这份意义走很长的一段路，接着又会发生一些事情，让我们重新陷入自我怀疑，迫使我们重新思考、重新构建。我们的大脑也是这样运作的：当新元素出现后，我们会把它整合到已有的数据库里，方便对现实生活不断地做出新的评估，逼着自己重新审视对事件的解读。意义就这样一个接着一个，不断地产生、变化、消失。

处在失衡期的个体的特点是情绪起伏比较大，思想斗争不断，如果这种不确定持续下去，他将很难容忍这种不舒服。克龙贝（2006）说过一句很有道理的话："真正危险的，是不惜一切代价急着寻找意义的冲动。"为了减轻焦虑，我们到处搜寻信息，东问西问，什么都看，什么都听，头脑中充斥着外部信息，对内在现实充耳不闻，而只有内在现实才有可能帮我们找回平衡。我们为了和自己的自我认同感保持一致，必须从内在而不是外在寻找意义。脆弱往往让我们抓住最先出现的意义，但是它不属于我们，而且往往是错误的，容易让我们产生错觉。为了逃避不舒服的感觉，我们必须紧紧抓住它，对它深信不疑，可是故步自封会阻碍思考，当我们不能靠自己构建意义时，可以找一个有能力的人陪我们一起寻找，比如心理治疗师，他不会把意义强加给我们，而会选择倾听，在我们探索内在的过程中陪伴我们、指导我们。其实，有人愿意听我们倾诉，让我们感觉自己被听见、被看见，就已经能够帮助我们忍受不确定感了，当我们向他人倾诉时，自己会更容易捕捉到脑海中快速掠过的想法，也更能洞察自己的感受。

痛苦

当不确定感到了令人忍无可忍的地步，让人实在坐不住时，我们会把感觉放在一边并采取行动，或者抱着抵触情绪拒绝改变，可惜一旦感觉和图像被剥夺，我们的思维便无法构建意义。内在的不平衡将持续存在，不适感会越来越强，最后我们会被淹没，心灵备受煎熬，对周围的世界越来越不感兴趣。我们排斥不舒服的感觉其实也是在排斥情绪，我们的内心世界因此被割裂了。其实每一份痛苦背后都是一个故事，都有着深刻的意义，等待我们探索，如果我们排斥它，痛苦就可能会演变成一场危机，逼着我们去改变。当痛苦长期存在，我们就需要靠心理治疗找回自己丢失的那一部分，走出痛苦的阴影。

正如克里斯托夫·德茹尔所说[1]，世界上没有纯粹的心理痛苦，身体总是难以幸免：我们的体态、面部表情都会带着痛苦，且其程度和心理上感受到的痛苦是一致的。痛苦并不是一种情绪，痛苦标志着心理代谢情绪的失败，它本质上是一种发生在整个身体范围内的身心现象，会耗尽我们的力量，痛苦是人类所固有的，我们无法避免也无法消除。每个人都会经历痛苦，不同的人会于不同的时间点经历痛苦。痛苦有时会带来巨大的改变，让我们发现自己的另一面，成为更好的自己。它既可以是成长的机会，也可以是一个泥潭。

个体的某些生理疾病便是在其无法解决心理痛苦时出现的。当个体的生活遭受重创，欲哭无泪时，他就像走进了一条死胡同，进得去但出不来，容易产生无力感和深深的绝望感，此时个体的免疫系统运作受阻，脆弱的机体成了疾病的温床[2]。生理疾病造成的不仅仅是身体上的痛苦，

---

[1]　克里斯托夫·德茹尔，《心身医学学说和理论》（*Doctrine et théorie en psychosom-otique*），1995。

[2]　参考《疗愈性思维》第九章。

往往同时夹杂着心理层面的痛苦，个体心理层面的痛苦其实在疾病出现以前就已经存在，从未离去。

一位重症患者曾前来咨询，说有些事情长期令她备受煎熬。她讲了很多自己和丈夫之间发生的事，夫妻之间互相不理解，失败的亲密关系一点一点地蚕食着她的心，她不断地努力，想要重修旧好，但每次都落得个竹篮打水一场空。长期的不被理解让她感到越来越孤独，面对深深的无力感，她开始不断地自我贬低。在查出疾病之后，她开始反省，意识到自己把生病看成摆脱痛苦的唯一出路。虽然前来咨询时她已经病得很重，也已经没有时间去弄明白自己为什么要在那样的环境下苦苦挣扎那么久，不过咨询使她明白还有这样一个人，可以不带指责地聆听她的倾诉，使她获得一些内在的平静。

当我们被痛苦淹没时，头脑里会出现各种各样的问题：我为什么会这么痛苦？为什么是我？为什么是现在？我该怎么做才能走出痛苦？危机就像一声警钟，提醒了我们：自己内在极其重要的一部分被忽略了。当所有的努力都宣告无效时，我们便不得不寻找意义，甚至整个身心都想解开这个谜团。为了理解自己身上到底发生了什么，我们还会启动心智化运作。痛苦最终会让我们走向光明还是黑暗，取决于心理链接工作能否成功。

创伤

有时候，生活会在不经意间给我们一记重拳，让我们失去方向。最初，一切看上去毫无意义：好不容易生下一个孩子，却患有慢性疾病，只有几年的生命；在经历一场意外后，自己幸存下来，却失去了所有的亲人；自然灾害夺走了妻儿的生命，破坏了家园……生活像一个暴君，夺走了一切。在意外面前，我们要么崩溃，要么被痛苦淹没，要么变得麻木……总之，精神支柱很可能会崩塌。有的人奋起反抗，否认现实，和外部环境斗争到底，因为只有斗争才能让他觉得自己还有力量，还能活下去。他们全身心地投入斗争，正是为了回避巨大的丧失和悲伤、绝望等一连串痛苦的情绪。为了不被痛苦淹没，他们生生将自己割裂，让自己的一部分被外在斗争吞噬。

面对这些痛苦，我们会觉得心智化运作根本没有作用。创伤和其他痛苦比起来具有不同的意义，创伤带来的情绪过于强烈，强烈到我们已经无法通过思维控制和代谢，从痛苦中找到意义是打破僵局的唯一途径。那么我们该如何从创伤中寻找意义呢？这不是逻辑和理智可以理解的问题，因为我们永远也无法"理解"创伤，但是我们可以找到一个方式，把创伤带来的痛苦整合到已有的经历和自我认同中。情绪需要被消化、被整合，这也是人们恢复状态的唯一办法。我们虽然无法控制外部因素，但可以控制内在因素：是陷在事件里出不来，还是借此机会让自己成长，能否代谢情绪是关键。关于从创伤中寻找意义，《亚历山大时代》（*Letempsd 'Alexandre*）一书便是一个很好的例子，作者罗贝尔·雅斯曼（Robert Jasmin）带我们一起回顾了他罹患绝症后的心路历程，他经历了人生的大起大落，不断地对自己进行灵魂拷问，最终找到了生命的意义，痛苦得到了缓解。这段痛苦的心智化运作使他产生了写作的冲动，也使他得以近距离地看清自己的感受，并用文字将之表达出来、分享给大家。写作使痛苦变成了动人的文学作品，让读者受益匪浅，这也是一种从痛苦中寻找意义的方式。

不被理解的痛苦

有时候我们找到的意义不足以疏导全部的紧张情绪，不舒服的感觉仍会存在，这往往是因为我们没有被理解。虽然痛苦是由我们的内在体验所引发的，但不被理解也存在关系层面的原因。个体的情绪只有被接收、被理解并得到回应，个体的紧张感才会消失，词不达意不但会阻碍沟通，而且有时会弄巧成拙。以攻击性为例，攻击性外化时就成了"冲动行为"，嘲笑、砸东西等宣泄情绪的行为理应能缓解一部分紧张感，但它们往往激发对方的防御心理，使其愤怒并导致冲突加剧，如此一来，个体不舒服的感觉不但没有被缓解，反而由于不被理解而愈演愈烈。不带攻击性地表达情绪需要一定的技巧，这种技巧不是每个人都可以掌握的，"表达性行为"可以既让我们表达愤怒，又保证沟通过程的顺利，具体表现为我们会倒抽一口气、眉眼颦蹙、突然不说话以及神态发生变化，这类表达方式比直接见诸行动更能清晰地、不带攻击性地向对方表明我们的感受。当我们的表达内容明确、强度适当时，对方即使感到不安，也会尽快改变态度，以适应他们自己感知到的内容。健康的沟通交流还包括用语言代替行动来表达自己的感受，当我们的情绪像潮水一样涌出时，想用语言表达自己的感受并不容易。而表达性行为能让我们在表达感受的同时控制情绪，给大脑高级中心以一定的时间将情绪转化为心理图像，从而实现这一目的。

在我们平和、清楚地表达了自己的感受以后，对方的感受可能并不好，那是因为他在根据自己的主观判断解读我们的表达。即使某种情绪对心理有意义并且已经被正确地表达出来了，我们也会因为没有被理解而感到不舒服。这种不适感若特别强烈，还会产生破坏性影响。若"被听见"变得可望不可即，个体便感觉走进了一条死胡同，容易引发绝望和自我贬低。相反，当一个人感到被理解、被接纳，感到有人支持他从痛苦中寻找意义时，他便能振作起来、走出痛苦。痛苦是在人际关系中产生的，也可以通过人际关系得到缓解。当我们被痛苦淹没时，参加心理咨询能起到很显著的作用。

个体的痛苦有时是心理层面的，有时是身体层面的。在下一章，我们将共同探索，看看是哪些情绪被忽略导致痛苦的产生，以及思维将如何帮助我们走出痛苦，重获健康与幸福。

► 第八章　悲伤的权利

EIGHT

有人在晚春幽暗寂静的夜中哭泣，

有人在哀悼流放时昏睡的日日夜夜，

有人在痛哭，

痛哭的，是我的心……

——埃米尔·内利甘（Émile Nelligan）

《催眠曲》

痛苦可以用各种方法告诉我们，自己的一部分被忽略了，需要被倾听，我们的痛苦有时来自心理层面，如深深的无价值感、强烈的内疚感和无助感。一个被指责淹没的人对日常活动的兴趣会减退甚至完全丧失，他将终日生活在矛盾中，无法做决定，无法参加活动，无法完成任何事情。他的注意力、专注力和记忆力都将受到影响，内心的想法会变得越来越阴暗，对自我和事件的认知产生严重扭曲。在这种忧郁、嗜睡的状态下，他会找不到自我，越来越迷失，并且可能出现一系列躯体症状，如乏力、食欲不振、睡眠障碍、胃不舒服、脱发等。

本章会讨论一个普遍但很多人并不真正了解的话题——抑郁症。我们会探索情绪在这种失衡中扮演了什么角色，个体的哪一部分被割裂、排斥了，以及思维将如何帮助个体开展自我疗愈工作。

抑郁症：是痛苦还是疾病

在遭遇不幸时，每个人都会感到悲伤，这是人之常情。当我们允许自己感受这份悲伤时，心智化运作便开始了，痛苦随之消退。悲伤在抑郁中占了很大的比例，有抑郁倾向的人看问题通常比较悲观，即使他们的处境并不是很糟糕。抑郁症不会突然爆发，患者的内心往往早就有不舒服的感觉，只是他们当时没有加以重视。他们尽管感到自己的兴趣在减退，疲惫、烦躁愈演愈烈，还是会强迫自己按原有的方式生活，不做出任何改变。久而久之，患者的不适感越来越强，眼泪动不动就流了下来，使其身心俱疲。这种巨大的悲伤是来自灵魂的呐喊，逼着人停下来，看看自己究竟哪里出了问题。

抑郁症可谓 21 世纪初最常见的精神障碍之一，各国、各阶层对其都不陌生。抑郁症患者既有心理症状，也常有各种躯体障碍，抑郁症的形式比较多样，所以诊断起来有一定难度，它可以单独存在，但大部分精神疾病都存在抑郁症状。DSM-Ⅳ[①]是一个对精神障碍进行分类的官方系统，它表明抑郁症患者主要存在三类情绪障碍[②]。第一，当一个原本快乐、有活力的人发生根本性改变时，他可能患上了重度抑郁症，这是一种暂时性的失衡状态且往往具有情景性。第二，心境障碍是一种慢性情绪障碍，其首次呈现时间一般可以追溯到患者的童年期，患有心境障碍者的抑郁状态相对恒定，患者经常感到伤感，这种情绪往往在秋冬季更为强烈。第三，双相情感障碍患者的特征是躁狂（兴奋、多动）和抑郁交替发作。抑郁症发病的原因多种多样，涉及生物学、遗传学和社会心理等因素，抑郁症会影响个体的整个身心状态，导致个体心身失衡。

---

① DSM-Ⅳ：美国的精神障碍分类系统被称为精神障碍诊断与统计手册（Diagnosticand Statistical Manual of Mental Disorders, DSM），DSM-Ⅲ于 1980 年出版，其分类框架较前两版有较大的修订，如取消了精神病与神经症的严格划分，取消了神经衰弱的诊断类别，肢解了神经症，对每个诊断都定出一个明确的诊断标准，使诊断的一致性大大提高。DSM-Ⅳ于 1994 年出版，DSM-Ⅳ系统共将精神障碍分为十七大类。——编者注

② 皮埃尔·拉隆德（Pierre Lalonde）、乔斯林·奥伯特（Jocelyn Aubut）、弗雷德里克·格兰贝热（Frédéric Grunberg）等，《临床精神病学：一种生物—心理—社会方法》（*Psychiatrie clinique：une approche bio-psycho-sociale*），第一卷，蒙特利尔，Gaétan Morin éditeur，1999。

在抑郁症的所有症状中，最为人知的是血清素水平降低。抑郁症的这一症状使得医学界逐渐认为它是一种疾病，患者无法靠自己的意志力缓解症状，并且个体患病既不是因为一时的情绪失控，也不是因为其他主观因素。不过，有一点我们不能忽略，抑郁症代表了个体心理上的痛苦，它表明患者心理的某些方面出了问题，即其内心相当重要的一部分被掩埋了，而这部分又是患者正极度渴望诉说、渴望被看见的。

被流放的自我

抑郁症会带来淹没性的悲伤，这种悲伤和生活中的不幸所引发的悲伤具有不同的性质。抑郁症会让人陷入"瘫痪"，而且这种影响是潜移默化的。个体的思想和图像被冻结了，思维被固着在扭曲的自我认知和被曲解的现实中，他苦苦思索也搞不明白是什么在折磨自己，他感觉走投无路，不知道怎么做才能解脱。一般来讲，当我们失去某些重要的东西或者某个重要的人时会感到悲伤，若我们得了抑郁症，这种悲伤会变得格外强烈，让人觉得像失去了生命中至关重要的一部分。有人会将之形容为"我找不到自己了"，那么丢失的到底是哪一部分的自己呢？尽管不同形式的抑郁症症状类似，但不同人对这一问题的回答却千差万别。

痛苦掩盖了内在冲突

个体患有重度抑郁症的原因有心灵受伤、情感或职业方面比较失败、长期与人产生冲突和重大丧失（亲人死亡、身体残疾）等。患者被痛苦淹没，悲伤、疲惫和绝望像一个无底洞，使其感觉一切都失去了意义，对什么事都提不起兴趣。他想知道生命的意义到底在哪里，但这个质疑掩盖了问题的本质：意义并不在外部世界，而在自己的心中。如果你仔细听一位患者说话，你会很快发现他的人际关系出了问题，他内心愤怒、表达具有攻击性，但是因为他自己不允许攻击性出现，所以这些情绪都被防御在意识之外了。

一位女士因患有重度抑郁症前来咨询。她严重失眠，极度疲劳、乏力，对一切都缺乏兴趣，并且动不动就哭。她说自己以前是一个充满活力、有上进心的人，现在的状态令她很绝望，她也不知道自己为什么会这样。在咨询初期，我了解到她工作比较忙，而且最近几个月还要照顾年迈、病重的母亲。这位女士的母亲是一个非常挑剔、刻薄的人，她非但没有对女士的付出表示感激，反而常常因为一点小事对其横加指责。女士有五个兄弟姐妹，但除了她都不愿意照顾母亲。在向我讲述这些的时候，女士的攻击性已经到达顶点，可是她自己不敢承认，稍有攻击的苗头，她便感到内疚、自责，迅速地将情绪压下去。在做了几次咨询以后，她开始意识到，当她愤怒并选择将攻击转向自身时，会觉得生活毫无意义。

来访者内心很矛盾：母亲身体不好，可又自私自利、毫无感恩之心。她该怎么去爱一个这样的母亲？这对个体的心智化运作而言可是一个相当大的挑战。在咨询师的帮助下，她逐渐认识到自己内心的冲突，随着诉说的次数越来越多，该冲突的复杂性也渐渐地体现出来。虽然她怨恨兄弟姐妹们让她一个人照顾母亲，但同时她发现自己好像有了一种特权——表达自己的需求，要求他们都承担起照顾母亲的责任。当然，在争论之前，她要做好面对枪林弹雨的准备，因为兄弟姐妹们已经习惯了由她一个人承担一切。她越发意识到不能再忽视自己的需求了，这种忽视等于把自己推向深渊，随着痛苦的原因逐渐浮现，她感到力量又回来了，她重新燃起对生活的渴望。

她的病情迅速好转，此时医生建议她回到工作岗位。令人震惊的是，在重返工作岗位后，所有的症状卷土重来：失眠、极度疲劳，控制不住地想哭、反胃等。好在有过咨询的经历，她认为这些症状下是一些更深层次的情绪。她开始探索自己对工作的感受，这份工作很体面，收入也很不错，可是自己为什么一想到它就会恶心、难受？渐渐地，她意识到自己对工作表现有着不切实际的期待，她发现自己想用这种方式来模仿并超越哥哥，因为母亲比较偏爱哥哥，可是做这份高薪、体面的工作并不是自己的兴趣。之前有一份工作倒是很合她的口味，她从那份工作中也获得了很多滋养和成长，可惜哥哥和母亲都觉得那份工作没有价值，最后她放弃了那份工作。实际上，她一直都在按着母亲和哥哥认为的成功标准来看待工作，从来没有考虑过自己的感受。

换工作的念头出现得越来越频繁，她该怎么做呢？为了养家糊口，她暂时不能放弃当前的工作，目前也没有别的机会出现。她再一次忍着这些不舒服的感觉思考。很快，一个项目在她脑海中渐渐成型，这个项目让她充满活力，当她全身心投入其中时，感觉自己的能量回来了，悲伤再也没有立足之地：她找回了创造力，她"重生"了。她知道自己应该朝着这个方向前进，但是在等待项目落地的过程中，她还是得做着自己不喜欢的工作，不过这次，她已经做好了心理准备。更重要的是，她重新与自己产生了连接，因而能够怀着耐心重返工作岗位，她的内心是平静的。

痛苦掩盖了心灵的伤痛

心境恶劣和双相情感障碍中的抑郁往往不是偶发的，个体之所以患有重度抑郁症，大多是因为其生命的某一刻发生了冲突或丧失，这两类情绪障碍的产生更多与个体的人格结构有关。个体痛苦的根源并不在于某个特定事件，而是与情绪和人际关系的发展历程相关，个体抑郁症反复发作其实代表他的心灵受伤了，他感到空虚、破碎、卑微、匮乏。被个体防御的情绪多种多样，攻击性首当其冲，此外还有愤怒、怨恨和报复欲等。愤怒背后往往隐藏着一种被抛弃感或者严重的情感剥夺倾向，患者的自尊可能建立在他人的肯定和表扬之上，或者他潜意识里有种内疚感。患者若想代谢这些情绪，需要开展大量的心智化运作，这比治疗由特定情景所引发的抑郁症花费的时间要更长，患者需要长期进行心理治疗。

抑郁症的心理治疗

当抑郁是由人际关系引发时，个体内心受伤并产生了痛苦情绪，其将启用防御机制，药物无法令他们的伤口痊愈，他们只能依靠人际关系。研究表明，针对抑郁症的理想治疗方法是将抗抑郁药与心理治疗相结合。当个体抑郁发作的时候，药物能够起到缓解痛苦、改善睡眠状况的作用，只有心理治疗能让人停下脚步，看看到底是什么让自己陷入抑郁，并更好地为未来做准备。

有些患者想通过药物迅速缓解痛苦，并以此回避痛苦的真正原因，他们极力排斥心理治疗，不愿意面对那一部分被流放的自我，这是个人选择，我们应当尊重，有的人极力反对药物治疗，担心自己会变得不再是原来那个自己，他们会拒绝药物，更愿意从一开始就接受心理治疗。

患者在心理治疗期间感觉好转时，常常会搞不清楚到底是药物在起作用，还是心理治疗在起作用，这个问题很难回答，因为我们无法确定两种治疗方式各自对康复的作用有多大，但有一点是肯定的，当抑郁来自人际冲突时，心智化运作能够让人在未来更好地应对类似冲突，这是药物做不到的。

在本章的最后，我想说，抑郁症患者有悲伤的权利，在忍无可忍的时候，他们也有权利不再忍受。药物可以减轻痛苦，而心理治疗可以为他们提供必要的支持，使其有勇气去面对内心的"恶魔"，如果我们了解这些恶魔，就会发现它们其实并没有我们想象得那么可怕。

▶ 第九章 应对疲劳的策略

NINE

你身边可能有些人常常觉得累，累到无法正常工作。仔细询问一番后，你会发现他们的痛苦既有心理层面的原因，也有身体层面的原因。近年来，因慢性疲劳前来就诊的患者不断增多，引起专家、学者的重视。慢性疲劳可能存在多种原因，但医学界对于慢性疲劳还无法完全做出解释，于是就有了一种疾病：慢性疲劳综合征（Chronic Fatigue Syndrome，CFS）。和抑郁症一样，慢性疲劳反映个体的一种不适状态，得了这种病的人已经处在身心异常的十字路口。不同的是，抑郁症患者的痛苦主要是心理层面的，而慢性疲劳的痛苦则多为躯体层面的，患者会感觉浑身无力、极度疲劳。慢性疲劳也有心理层面的特点，比如患者对一切感到极度厌倦等。慢性疲劳是身心健康和疾病概念支持者最感兴趣的问题，他们在支持医学观点的同时，也从身心角度做了一些补充。

疲劳：医学界的挑战

疲劳是正常的生理现象，它像警报一样提醒我们该休息了，而长期的、即使休息后也无法被改善的疲劳，说明我们身体的某些方面出了问题，医生要做的就是找出问题出自哪里。

让·卡班（Jean Cabane）[①]医生认为，慢性疲劳无论从诊断上看还是从治疗上来看，都是对医学界的挑战，由于其定义模糊，表现形式多样，因此难以被查明来源。此外，不同人嘴里说出的"疲劳"含义也不同，医生不能只听信患者的话，还需要深入调查才能了解问题的本质。更困难的是，患者在前来就诊时，不适感往往已经到达顶峰，他期待有一种"神药"能让自己重新焕发活力，但目前来看，一举切中要害、实现药到病除，还只是一种奢望。

---

① 让·卡班，《疲惫的生活：一位躯体学家对慢性疲劳的看法》（*Vivre fatigué. Regard d'un somaticien sur le problème de la fatigue chronique*），《疲惫的生活》（*Vivre fatigué*），2004，p.9 ~ 13。文中提出的医学观点是被总结后的版本。

疲劳的背后

医生会寻找慢性疲劳背后的原因。疲劳可能源于患者心理问题引起的内耗,比如家庭或职业生涯中遇到的冲突、过度悲伤、各种不必要的担心等;疲劳也可能是由身体疾病引起的,比如炎症、反复疼痛、睡眠问题、过度劳累等,患者一般自己能找到这些身体上的原因。若去医院就诊,说明他还没有发现问题,这时他需要医生的帮助。一般来说,医生对患者生活的各方面都做一个简单的询问便可以找到症结,有时则要对患者开展身体检查,虽然诊断的过程比较长,但95%左右的病例都能被查出病因,医生也很容易据此对症下药。剩下的5%就需要科学家们进行更多探索了,但涉及原因之广,使得这种探索更像是在黑暗中前行。

疲劳:伪装的抑郁症

除了疲劳,患者有时还会主诉各种非典型性生理问题,如头痛、心血管疾病、胃病、脱发等。如果这些症状都不存在器质性病变,医生便会从抑郁症层面考虑,最后发现,三分之一的疲劳伴随悲伤、兴趣减退、思维减慢、活动减少等症状,慢性疲劳的背后是抑郁症,但患者全然不知,因为他没有把身体疾病和心理状态联系起来。怎么会有人对心理对身体的影响如此迟钝?心身医学家对这个问题很感兴趣,但在讨论这个问题之前，让我们先看看医学界对持续性过度疲劳所能给出的最后一种解释。

慢性疲劳综合征

目前许多相关病例仍然是医学史上的一个谜。通过比较，我们能够发现它们的一些特征，比如持续性疲劳常表现出不同的强度和间歇性，它们往往在一天、一个月或一年中以特定的速率波动，症状将在患者早晨醒来时变得更加严重，或者于冬季频发。相关症状包括患者喉咙痛、纤维肌痛、腰痛、出现睡眠障碍等。病史显示，患者在疲劳期之前往往有一段时间状态极佳，自感身体强健、坚不可摧，这些不明原因的病例被归为慢性疲劳综合征。某些假设目前还在进行医学测试，例如，卡班医生认为这是一种脑源性疾病，也有的研究人员认为它是病毒性疾病，因为它的大部分症状与个体的免疫系统缺陷有关[1]。总之，慢性疲劳综合征目前对医学来说，仍是一个未解之谜。

---

[1] J. R. 米伦森（J. R. Millensen），《身体和心灵》（*Le corps et l'esprit*），巴黎，Éditions Déslris，1995，p.262 ~ 268。

难以想象的痛苦

对于原因不明的疲劳，各学界研究的角度不同，因此给出的解决方法也不同。医学界寻找的是物理层面的原因，而心身学家则主要从患者的"疲劳—休息"模式入手，开展了一系列研究，心身管理主要指一个人以不同比例的行为和心智化运作来应对日常生活中的紧张。这是其使用生命能量的一种非常个人化的方式，它是一个持续的过程，是个体在无意识中进行的，因此一个人会有一段时间身心健康，之后会出现不适，两种状态交替发生[1]。

享受休息的乐趣

疲劳和休息是个体维持体内平衡的一个交替过程，但二者之间线性无关。疲劳的阈值因人而异，取决于个体的基本生命能量、需求，以及其倾向选择让人开心的还是让人感到无聊的活动。

---

[1]　更多信息请参考《疗愈性思维》第七章。

克劳德·斯马亚（Claude Smadja）在《疲劳，心身管理的症状》[①]一文中指出，缓解疲劳最重要的不在于个体休息时间的长短，而是休息的质量，尽管活动会消耗能量，但活动带来的乐趣也有助于缓解疲劳。辛苦工作了一天，你感到筋疲力尽，只想放空自己，这时候朋友叫你晚上出去聚聚，你觉得有点累，但还是去了，因为你喜欢和他们在一起。聚会之后，你惊讶地发现自己不像之前那么累了，活力又回来了，愉快的交谈和欢声笑语让你如获新生。此外，做一些有挑战性的、打破生活常规的事，也能让人放松下来。对我来说，写作就是一种放松：写作的时候我会完全忘记时间在流逝，写上几小时，我便觉得恢复了活力，烹饪、修补或园艺也能起到类似的作用，相反，无聊的活动很快便让人感到疲惫。上面说到的休息都是一些有趣的活动，这些活动多少会消耗一点能量，但如果你面对的是过度疲劳，这种程度的放松就远远不够了。个体恢复体力需要真正的放松，需要放下手头的一切事务，踏踏实实地睡一觉，让梦境随心所欲地展开并发挥链接作用。想要有这样的睡眠质量，个体首先必须从外部世界抽离，放松身心，"放松"和"放下"都有助于促进梦境活动，二者在恢复躯体功能上都发挥主导作用。不过，享受无所事事的乐趣可不是每个人都能做到的，个体需要放下眼前的顾虑，不去在意结果，自发活动起来，比如做做白日梦，幽默一下，看看

[①] 克劳德·斯马亚，《疲劳，心身管理的症状》（*La fatigue, symptôme de l'économie Psychosomatique*），摘自《疲惫的生活》，p.15 ~ 22。

小说，涂鸦，画画，听音乐或者和喜欢的朋友聊聊天等。想象能让人放松，当理性让位于想象，人就更容易入睡。这种放松的天赋因人而异，取决于个体能否轻松面对想象出来的内容；取决于一个人激发心理图像的能力；取决于其能否放下一切，天马行空地奔赴幻想世界；取决于其能否放下对思维的控制，这种能力是个体在发育早期，学会忽视现实、安心入睡时获得的。

临床观察表明，那些无法进入放松状态，因为害怕失控而无法让思维自由驰骋的人更容易患上慢性疲劳综合征。在这样的状态下，个体的心理无法行使本职工作——维持体内平衡状态，只能依靠过度活动来缓解紧张，导致过度应对人际关系，容易产生疲劳感。

不筋疲力尽就无法入睡

当个体的想象力被阻塞、无所事事时，他就会陷入焦虑，因为什么都不做意味着他要面对内在的空虚。患者通常无法忍受孤独静默，更无法忍受无所事事，所以他总是在躁动，被各种感觉搞得头昏眼花，即使很累还是停不下来，他感到焦躁不安，直到筋疲力尽。一些"工作狂"和那些用噪声、速度、夜生活麻醉自己的人常对疲劳发出的警报无动于衷，他们感到根本停不下来。根据心身学家热拉尔·斯威克（Gérard Szwec）的观察 ①，孩子必须在充满爱意和温柔的亲子关系中才能学会放松并享受无所事事的乐趣，而有些人可能从来没有机会感受这样的关系。小时候，他们的家里总是充满争吵和喊叫声，他们在焦虑的折磨中孤零零地入睡，所以他们很小就害怕休息，害怕自己不会再醒过来。他们从上床睡觉那一刻起便感到焦虑，他们觉得只有醒着和持续活动才能压制这份焦虑。筋疲力尽后，他们不由自主地沉沉睡去，大部分时候一夜无梦，有时他们会从噩梦中惊醒，然后很难再次入睡，因为他们担心自己会再次走进那可怕的梦境。个体对睡眠的恐惧同时也源于对从外部世界抽离出来的恐惧，他们总觉得外部世界会随时消失，并把他扔进令人难以忍受的孤独里。

这类人往往内心空虚，生活在一种被抛弃的感觉中，好像只有巨大的焦虑和痛苦才能令他们感觉到自己的存在，矛盾又可悲的是，在过度活动中寻求安抚只会令疲劳和紧张感加剧。个体若无法抽离感觉运动（即使只是暂时的），则会陷入一个恶性循环，使其只能不断地消耗自己，最终筋疲力尽。

---

① 热拉尔·斯威克，《停不下来》（*L'épuisement activement recherché*），p.81 ~ 89。

是疲劳还是抑郁

疲劳和抑郁往往是并存的，但二者也可以脱离彼此、单独存在。慢性疲劳的背后有时是抑郁症，也有一些人抑郁但不疲劳，有些人疲劳但不抑郁。我们要想了解两种情况之间的区别，必须从心理功能出发研究疲劳和抑郁。

抑郁常伴有疲劳，其主要症状是心理痛苦，抑郁患者存在心理图像，他们的心理功能水平良好，虽然他们的心智化运作存在一些困难，主要为防御机制在回避痛苦的感受和想法。淹没性的悲伤和内疚让人在休息时也不能放松身心，阻碍体力恢复的进程，使疲劳不断累积。相反，那些不知道自己抑郁，只是感觉身体疲劳的患者，心理图像往往很少，他们很难完全让自己进入睡眠和梦境，以活动和行为为主的身心功能无法缓解他们的过度紧张症状，疲劳也由此累积。

在这两种情况下，个体的心理和身体能不同程度地感受到内在的痛苦。个体的心理感受越不好，被治愈后的状态就越好，因为在心理治疗中，良好的心理功能可以帮助他找出疲劳的原因。相反，个体对心理痛苦不敏感则意味着其缺乏想象力，难以通过思考来找到痛苦的根源。体力透支也是产生疾病的温床，慢性疲劳往往伴随着各种身体疾病，咨询师若想对这部分人进行心理治疗，首先需要帮助他们对心理痛苦敏感起来，帮助他们重新启动被压抑的心智。举个例子，曾有一位 58 岁的男士遵医嘱前来咨询。他是一家公共机构的高层，也是一个不折不扣的工作狂，从来没有参加过任何休闲活动，最近他"被"提前退休了，由于没有做好心理准备，他出现持续疲劳症状，被医生诊断为患有隐匿性抑郁，然后他开始腰痛，但查不出器质性原因，他并没有意识到疲劳、躯体疼痛和抑郁之间存在一定关系，反而认为极度疲劳是由腰痛引起的。在心理治疗过程中，他察觉白天满脑子的抑郁想法和疼痛强度之间的联系，开始认真思考，接着，他谈到了自己被迫辞掉工作后产生了无价值感，他害怕面对空虚、无所事事、衰老和死亡，在找到痛苦的心理根源之后，他的腰痛也就消退了。把退休和抑郁联系在一起让他能够忍受不舒服的感受，使得回忆浮现，他发现自己在潜意识里把退休和死亡联系在一起，因为他的父亲和爷爷都是在失去工作几天后去世的。渐渐地，他的活力又回来了，他开始培养新的兴趣爱好，而这些爱好是在他工作时没有时间和精力培养的。

慢性疲劳、职业倦怠和社会价值观

如今，一些大型公司只以结果和效率为导向，员工稍有懈怠就会被严加指责，这种价值观无形改变了职场的规则，使得越来越多的员工，尤其是中层管理人员，出现职业倦怠①现象，慢性疲劳综合征的增多与这一现象不无关系。

职业倦怠已经成为 21 世纪的职场"流行病"，克里斯托夫·德茹尔（1993）从身心角度出发提出了一些观点。他认为职场规则之所以对个体的心理健康产生不利影响，是因为它们让人面临无法解决的心理冲突：公司既要求个体不断提升业绩，又不提供充分的资源，随着工作量的增加，个体的相关业绩也要增加，让人实在喘不过气来。定期考核和降职减薪（甚至裁员）加剧了公司的内部竞争，员工之间滋生不信任感和恐惧感，愉快的团队合作一去不复返。个体有时无法从同事的支持和鼓励中获得滋养，和领导者讨论这些问题又往往不了了之，所以他们只好违背自己的价值观，选择从众。在价值观不断发生冲突的同时，个体还要因为无法完成业绩而被指责，一旦出现问题，所有的责任将落在他的头上，而他早已自顾不暇。

我的临床观察结论和德茹尔的观点大体上一致。不少因职业倦怠前来咨询的中层管理人员和一线工作人员都面临着类似的冲突，他们处在既荒

---

① 职业倦怠：指个体在工作重压下产生的身心疲劳与耗竭的状态。——编者注

谬又无解的困境中。这种冲突会让人消沉，他们的心理无法代谢由冲突引发的紧张感，导致他们既没有宣泄的出口，又无法从荒谬中找到意义。实际上，这样的职场环境就是创伤的源头，而且这种心理障碍鲜为人知，即使个体想将它拿出来说一说，也会发现自己孤立无援，最终崩溃去看医生，还常常不被理解。很多医生认为这是他自己的问题，是他自己不适应这份工作，然后把他当成一个病人。但真实情况是，这类人和抑郁症患者不同，他们的冲突并不在于自己的内心，而在于工作与个人的理想和价值观发生了冲突。在这种情况下，他们只能顺从，并且成了一个"病人"，面对无法解决的冲突，个体的心智化功能瘫痪了。当然，个体也可以辞职，但他在其他单位还可能遇到类似的情况。

通过本章我们发现，慢性疲劳会让人承受身体和心理上的双重痛苦。慢性疲劳的产生往往与患者的身心管理模式有关：他们难以让自己完完全全地放松休息，害怕面对内心的空虚，害怕陷入抑郁。还有一点不容忽视，一些公司过分看重效率和绩效，慢性疲劳的产生和这一类职场价值观也不无关系。

▶ 第十章　身体会记住一切

TEN

每一次痛苦都是一段记忆。

——埃里克·福托里诺（Eric Fottorino）

《脆弱的领土》

人类是受虐狂，

他们喜欢品尝各种各样的疼痛。

——查理·卓别林（Charlie Chaplin）

《我的人生故事》

擦伤、划伤、烫伤，每个人都经历过身体上的疼痛和煎熬。我们的日常用语并没有把躯体疼痛和心理痛苦区分开来，比如为了表达失去亲人的痛苦，我们也会说"我好痛"。个体心理上的痛苦和身体上的疼痛确实是互相交织的，正如身体会感受到心理上的痛苦一样，躯体疼痛也会对一个人的心理产生影响。躯体疼痛和情绪之间的关系很复杂，和心理痛苦一样，躯体疼痛也是一种心身现象，因为它往往和各种丧失（活动能力、运动能力、肢体完整性）有关。除了压力引起的消极情绪，躯体疼痛往往还伴有无助、悲伤或绝望，和心理痛苦一样，躯体疼痛带来的不适感，尤其是治疗效果甚微的疼痛，会迫使我们开启心智化运作。

在本章，我们会看到躯体疼痛有其生物学基础，它也是一种与记忆和情绪有着紧密联系的心理构建。我会先解释何谓正常的躯体疼痛，再讨论慢性疼痛。

何谓疼痛

疼痛是一种警报

一般来讲，疼痛是一种不舒服的感官信息，和实际或潜在的躯体病变有关，疼痛就像一个警报，提醒我们自己存在潜在的损伤、实际的损伤或者躯体功能出了问题。躯体疼痛往往是一时的，我们只须改变身体姿势、进行合理治疗、消除病因。躯体疼痛涉及多个维度，其中心理是一个重要维度。我们的感觉系统会确定疼痛的部位，分析痛感（灼痛、刺痛、绞痛、电击样疼痛或阵痛）及其持续的时间（短暂、间歇或长期），疼痛使其区别于其他感觉，比如你把手放在加热垫上，你会觉得热而不是疼，但如果你伸手去摸烧红的铁块，立刻就会觉得疼。感觉转变为疼痛的临界点被称为疼痛阈值。这个阈值的个体差异性极大，即使是同一个人，在生理、心理或文化因素的影响下，其疼痛阈值也会发生变化。对疼痛的感知会触发个体的保护行为：尖叫、哭泣、摩擦、快速晃动等，同时所有疼痛都会引发肌肉的反射性收缩，目的是让个体的身体远离危险源。这一行为不需要意识的参与，如果有什么东西让你感到疼痛，那么即使你正处于睡梦中，也会产生条件反射。

身体会自动记住个体所有第一次感受到的疼痛。个体的大脑不仅会记录不愉快的感受，还会记录其发生时的环境、原因或当时的情况。个体在经历引发疼痛的事件之后只要一看到这个物体或处于类似情景，就会感到恐惧，甚至会产生疼痛感。我有一位来访者由于工伤而感到腰痛，后来由于他长期不活动，这种腰痛转变为慢性疼痛；疼痛减轻后，他回到了工作岗位，令人吃惊的是，腰痛又无缘无故地复发了。除了记忆，大脑也可以因为疲劳或者情绪性事件而疼痛，即使个体已经无法回忆起引发疼痛的原始事件。这就是为什么个体在生命某一刻感受到的疼痛，在之后的日子里还会感受到，而且我们无法从医学角度解释这点，此外，记忆和个体疼痛阈值的变化也有关系。

疼痛是一种主观体验

血压或体温是可量化的生理表现，而疼痛是一种无法被客观测量的感受，是一种个人化的、私有的主观体验。从这个意义上说，疼痛和情绪类似：它只能靠患者自诉。疼痛的程度和躯体损伤程度不一定成正比，有的人可能受了重伤但感觉不到疼；相反，有人说疼得走不动路，却查不出器质性病因。不过，这并不表示他的疼痛就是被想象或者虚构出来的。人的痛觉系统非常复杂，触发因素很多，起决定性作用的是情绪和记忆，对于顽固性疼痛来说尤其如此。持续疼痛涉及多种复杂机制，我们必须将其作为一个整体来考虑。在讨论这个问题之前，我们先来了解一下与疼痛有关的心理生理学，来看看慢性疼痛是怎样的一个恶性循环。

疼痛闸门

人在受伤的时候感觉疼是一件再正常不过的事了，这种警报的生理过程相当简单①。个体有大量的感觉受体分布在全身的皮肤、肌肉、韧带和器官中。人在受伤之后，身体会释放一种名为"致痛源"（Algogens）的化学物质，刺激这些受体，激发神经冲动，兴奋导致神经冲动通过感觉神经传递至脊髓，疼痛信号会刺激运动神经元，导致个体的肌肉反射性收缩。正常情况下，疼痛信号会被继续传送到更高级的大脑中心，那里有些中心负责感知疼痛，有些负责记忆，还有一些负责与疼痛有关的情绪反应和行为反应（尖叫、哭泣、抱怨、摩擦或按摩疼痛部位）（见附录图Ⅲ）。

整个过程听起来容易，其实不然。为什么一个腿部受了重伤的士兵能够逃离战场，到安全地带才有疼的感觉？为什么有人疼得走不动路，却查不出生物学方面的原因？加拿大研究人员梅尔萨克（Meltzack）提出的疼痛闸门控制理论能够解释个体对于疼痛感知的奇妙变化。在人的脊髓和大脑较高中枢结构中，有几个中继器可以通过放大或抑制疼痛信号来改变疼痛程度。很多因素可以打开闸门，让疼痛信号通过，或者关闭闸门，阻断疼痛信号（见表10-1）。此外，一些能让人产生安心感觉的行为，比如爱抚、冷敷、热敷、按摩、摩擦、低强度电刺激等也有助于

---

① 关于疼痛的心理生理学理论摘自弗朗索瓦·布罗（Francois Boureau）的《控制疼痛》（*Contrôlez votre douleur*），巴黎，Payot，1986。

缓解疼痛。当人大脑的高级控制中心释放内啡肽时，疼痛闸门也会被关闭，内啡肽具有类似吗啡的作用，有助于抑制疼痛感，不过一般来说，只有在遇到紧急情况时，人的大脑才会启动这一机制，比如士兵在战场上受了伤时等。过分关注疼痛会使个体痛感加剧，注意力分散，若个体专注于开心的事情，则疼痛感会减轻。情绪也可以打开或关闭疼痛闸门，悲伤、沮丧、烦躁和焦虑会放大疼痛信号，希望、喜悦和安心则可以对疼痛起抑制作用。

表 10-1　影响疼痛的因素

"打开疼痛闸门"的因素	"关闭疼痛闸门"的因素
疲劳	休息
悲伤	快乐
绝望	希望
抑郁	兴奋
情绪低落	情绪高涨
沮丧	喜悦
悲观	乐观
紧张	放松
烦躁	平静
暴躁	随和
恐惧	安心
不确定性	确定性
焦虑	安全感

（续表）

"打开疼痛闸门"的因素	"关闭疼痛闸门"的因素
想着疼痛	忘记疼痛
不安	淡定
无所事事	忙于工作
封闭	分心
孤僻	社交
失眠	按时入睡
担惊受怕	平静的生活
身体状况差	身体状况良好

资料来源：《控制疼痛》，P.52。

慢性疼痛的恶性循环

闸门理论可以更好地解释为什么记忆、心理和行为能够影响个体对疼痛的感知，尤其是在疼痛已经持续很长时间并且常规治疗不起作用时。患者很难承认这些因素可能起到的作用，他会担心别人是在怀疑他是不是真的疼，要知道从心身医学的角度来看，心理和身体是一体的，所以真实疼痛的对立面并不是想象出来的疼痛。顽固性疼痛绝对不是被想象出来的，但它也不是一种简单的、正常的疼痛：它是由痛觉感知系统失调所引起的，引发这种失调的因素很多，其中情绪占了一大部分，所有持续性疼痛都会对个体的生理、行为和心理产生副作用。一段时间过后，患者会发现自己陷入一个恶性循环，他的痛苦不再只是单纯的生理痛苦。比如若患者因为怕痛而减少活动，那么缺乏运动会削弱他们的肌肉力量，从而引发疼痛；此外，静养让人更容易把注意力放在疼痛上面，也会延长痛感，越痛，越担心，越担心，越痛。焦虑和抑郁也能加剧疼痛，思维和信念会助长痛感，如果个体自己觉得痛感不严重，偶尔出现的头痛很快就会好，但如果个体对此疑虑重重，焦虑就会让疼痛久治不愈。

治疗慢性疼痛的一个很重要的点是个体应意识到这一恶性循环，不要让自己陷进去，尽量保持正常，使用放松法、分心法、适度运动法缓解疼痛，评估一下自己可以进行哪些日常活动并慢慢恢复这些活动。有时候，个体虽然意识到自己陷入了恶性循环，也想办法调整了，但痛感仍然存在，这时他便可以考虑是否有其他因素阻碍了对疼痛的干预。

疼痛和快感

疼痛和快感是一对神奇的组合，客观来说，疼痛是一种令人不愉快的感受，可矛盾的是，疼痛能够引发快感。任何痛苦，只要不超过承受范围，都有可能带来快感，所以，有些慢性疼痛患者会对疼痛产生依赖心理，把它当成"宝贝"，对治疗抱有抵触情绪。有一点值得我们重视，疼痛会带来继发性获益：个体因为需要被关心、被照顾，所以想通过患病颐指气使，逃避责任，享受特殊待遇，成为身边人关注的焦点。一个人若是情感需求没有得到满足，就会用这样的方式寻求安慰，而且会对此上瘾，除了快感和继发性获益，还有一些无意识因素会延长疼痛的时间。

疼痛：对爱的渴望

在所有的感觉里，我们第一个感觉到的就是疼痛。婴儿从出生那一刻起就要经历各种疼痛：为了穿越狭窄的产道，他的小身体被不断地挤压；肺部突然间扩张才有了第一次呼吸；婴儿在刚开始吃奶时，消化系统还不太成熟，他的肠胃有些招架不住，需要一个适应的过程，频繁的肠绞痛也令他不得安生；好不容易消停几个月，出牙又引发新的疼痛……疼痛伴随着焦虑，让人痛苦，在个体的生命之初，躯体疼痛和心理痛苦就交织在一起。婴儿无法自行缓解这些痛苦，所以他特别需要母亲的照顾。布鲁克斯（Burloux，2004）专门研究慢性疼痛的无意识运作机制，他发现，缓解疼痛的需求推动婴儿开启了人生的第一次人际交流，这就是为什么孩子很快就能学会求助他人：每次觉得不舒服就会叫母亲。之后，终其一生，每一次疼痛来临，他都期盼有人来安慰。也就是说，与疼痛有关的最初体验会塑造一个人对疼痛的感受和理解方式，如果母亲知道怎么安抚孩子，孩子就会从母亲的关怀和言行中学着安慰自己；一旦掌握了语言能力，他就会学着用语言表达自己的心理痛苦，不再利用躯体疼痛寻求爱和安慰。如果母亲无法安抚孩子，孩子长大后就会有一种不满足感，他将一生寻寻觅觅，期待表达这份不满，期待能够被倾听。个体儿时的痛苦若没有被言语化，躯体疼痛便将始终与心理痛苦、孤独和不理解联系在一起，这份疼痛会被留存在个体的记忆里，任何痛苦的经历、坏消息、被抛弃的感觉、烦恼或孤独都会瞬间将之唤醒，并且它会被以寻求爱和关心的方式表现出来。

顽固性疼痛：一个呼救信号

个体这种潜意识的期待会引发很多误会。无论哪一种疼痛，都是个体对帮助和安慰的需求，我们也可以从个体装模作样的姿势、体态、语调等分辨出这类信号。他们的行为会让周围所有人的注意力都集中到他的身上，而周围人的反应可以打开或关闭他们的疼痛闸门。他人发自内心的同情和关心往往能起到抚慰和安慰作用，相反，冷漠或拒绝会使个体的痛感加剧。此外，一个童年不够幸福的人在经历疼痛时，在关系中对情感的需求更强烈：他会不停地诉苦，依赖心特别重，想依靠别人治好他，对努力打破恶性循环产生抵抗心理，他极度需要被关注，周围人虽然也不糊涂，但往往不了解其痛苦的程度或根源所在。根据个体在周围人集中注意力和分散注意力时的不同表现，我们将很快发现他的秘密，当个体的痛苦有所缓解时，大家就会觉得他的疼是装出来的，觉得他在暗自得意，在刻意装病，其实疼痛是非常真实的。大家会对他的依赖保持警惕，同时鼓励他承担起自己的责任："别老想着疼，想想别的事情。"他会发现自己的人际关系陷入了一个恶性循环：他希望通过诉苦摆脱孤独，希望有人能够倾听他的痛苦，最后只得到冷漠、不理解甚至厌烦的态度。个体无法接受这个事实，也无法直面自己最根本的需求——被听见，内心的焦虑和抑郁使得疼痛加剧。

同时，个体往往潜意识里对医生抱有同样的期待。医生想尽办法帮他减轻痛苦，但他对治病并不感兴趣，因为病好了意味着他要回到原来那个孤独、痛苦的世界，其实他最需要的是诉苦，他希望自己的痛苦被听见、被看见。所以个体的病情非但不会好转，反而会变得更加严重，令医生束手无策，最后恼羞成怒，失去耐心。慢性疼痛和极度孤独是一对

"难兄难弟"，对于遭受过情感剥夺以及极度渴望关系的人来说，情况更是如此。

童年的疼痛和创伤

所有的疼痛都会把平静的生活撕开一道口子，调动一个人全部的注意力。个体若不多加小心，很容易被病魔吞噬，内在变得空洞、匮乏，其将与外界切断联系，退回自己的世界，最终，痛苦完完全全占据了他：他不再思考了。

这种反应是正常的，作为一种防御手段，个体的心理有时会诉诸自恋式的回避来避免更深、更隐蔽的痛苦。在潜意识的推动下，恶性循环会像滚雪球一样越滚越大。布鲁克斯说，这样的疼痛就像一个黑洞，会病态地吸走个体所有的能量。防御机制可以引发心理障碍，为了绕过所有真正能缓解疼痛的思维工作，个体会自己创造一套理论解释疼痛的原因，但这种解释往往和他的生理状况毫无关系。面对所有可能缓解疼痛的治疗，有些人会雷打不动地反抗，使得一时的疼痛变成顽固性疼痛。

在常规治疗无法缓解疼痛的情况下，长期心理治疗可以说是黑暗中的一道光。长期心理治疗的难点在于说服患者接受治疗，因为他不会觉得心理治疗有效果：他以为痛苦只是身体层面的。一旦患者明白过来，便很快能和治疗师建立同盟关系，他寻寻觅觅，终于找到了自己真正想要的（虽然他本人并不知道是什么）：被倾听，以及一种不以减轻疼痛为目的的倾诉。曾有一位患有严重慢性偏头痛的女士经主治医生转诊前来我处咨询。她有个癖好，就是会在医生上班的时候不请自来，事先也不打声招呼。她常常一脸憔悴，见到医生就开始没完没了地诉苦，讲来讲去都是她的偏头痛。医生尽了一切努力，最后都以失败告终，医生在跟我讲这些的时候都快气坏了。这位女士在我这里也是这样，逼着我连续几小时听她诉苦，根本不容我插嘴，而且她可以把各种古怪的理论联系在一起。从我的角度来看，我相信她诉苦是有道理的，偏头痛只是一个表象，所以我并没有想要缓解她的疼痛，只是非常专注地倾听，并努力去理解她的行为。我可以感觉到，她并不想激怒周围的人，她只是非常需要关注。在刚发现我和医生态度的不同时，她有些不知所措，慢慢地，她敞开了心扉，她是一家五口中的老大，童年历尽艰辛，与父母在情感上非常疏离，母亲患有癫痫，药物无法控制病情，经常于半夜发病。父亲喜欢喝酒，常常不在家，她不得不一个人照顾母亲。小小的她必须放下自己对依赖的渴望，忽视恐惧和痛苦，像大人一样说话、做事。偏头痛让她有机会退行到儿童阶段，去依赖、逼迫周围的每一个人（包括医生），她没有意识到正是这些重大缺失给她的心灵带来了痛苦。

布鲁克斯发现，有些患者的疼痛来自相当轻微的工伤事故，正常情况下只要几天、最多几个星期就能痊愈，但他们的疼痛不但没有得到缓解，反而在一天天加重。经过进一步询问，他发现这些患者和上面那位女士一样，都有着不幸运的童年，对依赖的需要从来没有被满足。尽管如此，他们仍然排除万难并在生活中为自己创造了一片天地。在事故发生前，他们往往都从工作中获得很大的价值感，所以和创伤保持着一定的距离。事故以及强制性的休息剥夺了这份价值感，对依赖的需求残酷地勾起他们内在极度缺失的那一部分，一直留存在记忆中的痛苦借助躯体疼痛表现出来，迫使他们意识到这份从来没有被看见的伤痛。它既让人查不出生理原因，又没有被以心理痛苦的形式表现出来，好像在说："这样子你就永远不会忘记我了。"

针对以上情况，治疗师治疗时的重点在于对躯体疼痛进行心理整合。当治疗师指出躯体疼痛与心理疼痛的联系，把痛苦言语化，把身体感觉与从未表达过的情绪联系起来时，患者的躯体疼痛会得到缓解，心理痛苦将慢慢浮现。但治疗不会一帆风顺，一方面是因为很多因素能让患者随时陷入恶性循环，另一方面在于患者在治疗的过程中将不可避免地感到焦虑和悲伤，这种感觉比躯体疼痛更强烈、更难以忍受，而治疗最大的障碍在于童年创伤背后隐藏着个体被压抑的暴力性，在治疗初期，往往一切看上去还好，但当患者突然开始感受到心理痛苦时，会出现攻击和破坏心理：不管是疼痛，还是治疗，还是治疗师给予的理解，他都无法忍受。愤怒会让他突然选择结束咨访关系，导致治疗失败，这时，治疗师需要调动自身所有的资源予以应对。

所以，许多医学无法解释的慢性疼痛可以被归咎于潜意识。个体的痛苦和情绪、记忆间有着密切的联系，曾经的痛苦被一直留存在个体的记忆里，但他从来没有认真思考过，心理能够借着这份痛苦制造疼痛，并将其作为一种防御手段阻碍更有效的心理工作。心理治疗能让患者学着用语言描述身体上的疼痛，从而找出痛苦的心理根源，学会与人分享，最终走出孤独。

在本章，我们看到了各种各样的、表面上看起来没来由的痛苦。有的是个体的心理在哭诉，比如抑郁症；有的只是身体层面的疼痛，比如慢性疲劳和顽固性疼痛，但不管怎样，痛苦都会波及个体的整副身心。抑郁、慢性疲劳和顽固性疼痛都是个体身心失衡的标志，身体疾病往往会

掩盖个体心理上的痛苦。或者个体由于缺乏甚至没有心理图像，他们的
情绪也无法正常地进入意识，导致他们的身心被彻底割裂。当疾病来袭
时，病情的来势汹汹又剥夺了个体的心理通过寻找意义而代谢痛苦的时
间。在这样的情况下，思维还能力挽狂澜吗？在下一章，我们会专门讨
论情绪和想象力在个体身体自愈过程中起到的作用，并为这个问题找到
答案。

▶ 第十一章　更好地处理情绪

ELEVEN

我对自己一无所知，

我只知道我的眼睛是睁开的，

因为眼泪正不断地流出来。

我知道我正坐着，双手放在膝盖上：

因为我感受到来自臀部、脚底、手、膝盖的压力……

在讨论更重要的事情之前，我一直保持着良好的身体姿势。

——塞缪尔·贝克特（Samuel Beckett）

《无法命名的人》

想要获得心身平衡，有一点很重要，就是处理好我们的情绪。一般来讲，积极情绪会让我们保持良好的状态，所以处理积极情绪不是什么问题；与消极情绪和谐相处则比较困难，消极情绪往往是人际关系中令人感到不舒服、不被理解的根源。我们的大脑会动用各种策略来阻止或忽略这些消极情绪，防御机制虽然能够帮助我们抵制消极情绪，却无法阻止情绪暗地里对我们产生影响。通过探索抑郁症、慢性疲劳和顽固性疼痛，我们已经知道，痛苦的情绪和记忆总会一再地出现，就像弹簧一样，我们越是压制它，它越会反弹，只有心智化运作才能够疏导由消极情绪引起的紧张。

想象是一个自然而然的过程，当我们放下理性思维、放空自己时，也可以说是在我们不知不觉的情况下，想象便已经开始工作了，所以"疗愈性思维"有点像肌肉：你进行的锻炼越多，它工作起来就越有效率。一些方法可以帮助我们开发疗愈性思维，有时，个体心智化运作的过程会受阻，这种情况可能是一时的，比如当我们遭受创伤时；也可能是永久性的，假如一个人从孩提时代起就需要每天和消极情绪以及痛苦的记忆作斗争，那么进行心理治疗就会帮助个体修复受损的心智化功能。

自助型心理疗法

如果你只是想学着更好地应对日常生活中的一千零一个困难，更灵活地应对压力，那么以下几个方法可能比较适合你。相信经过一段时间的学习和练习，你便可以自行使用这些方法来改变生活方式，让想象变得更为灵活、柔软，从而可以轻松应对日常生活中的消极情绪。

冥想

生活中难免会出现令人痛苦的事，冥想是面对痛苦、克服痛苦的一个好办法。冥想让人头脑清晰，恢复内在的稳定，达到深度平静，其对压力及生理表现的影响已得到科学证实。冥想有两种形式，一种是封闭式冥想，即个体专注于一个对象，比如烛焰、声音或自己的呼吸，而忽略其他感官；另一种是开放式冥想，个体让感觉、情绪或思维自由地流动，无须给予其特别的关注，两种冥想都是为了让个体的内在安静下来，从而改变意识状态，使其成为一种不存在思考的、纯粹的意识，让个体的心中空无一物。深度放松并不是为了帮助个体恢复已经受损的心智化功能，而是为了尽量促进信息在心灵和身体之间的流动性，这种流动性是发挥创造力和组织思维能力所必需的。冥想应该在专业人士的引导下学习，个体通过冥想转变意识状态并不是一件容易的事，需要其有一定自律精神，很多人会觉得冥想十分枯燥，但冥想对于个体的内在平衡和身心健康的好处是显而易见的。

关系疗愈

冥想是个体在经过练习后可以自行使用的工具，有助于控制焦虑，提高思维的灵活性和流动性。它虽然具有疗愈作用，但并不以治疗为目的，对于整合长期的消极情绪和心理痛苦而言，这一方法稍显不足，因为问题出在关系上，所以其也只能被在关系中解决。个体若想在看似无意义的人、事、物中找到意义，那么心理治疗可以发挥一定的作用。

心理治疗的受益对象

你是否刚刚遭受创伤？长期严重失眠？被抑郁、疲劳折磨得无法工作？如果存在这些情况，那你就必须尽快寻求心理治疗了。虽然你目前还没有被焦虑彻底打倒，但是长期有不适感、不开心，每天都觉得活着没有意义，这些状态已经很能说明问题。而且既然是长期症状，说明时间并没有帮助你解决痛苦，你需要额外的帮助。

你是否存在以下几种情况：总是遇到那些导致焦虑和消极情绪的事件；低自尊让你畏首畏尾，做不了自己想做的事；情感依赖让你的人际关系变得复杂；你有慢性疲劳、顽固性疼痛等问题；你经常生病，而且怀疑它们是由消极情绪和其他心理因素导致的。如果存在以上几种情况之一，那么你很有可能是在和一些痛苦的情绪或记忆斗争，并且你自己并没有意识到这一点。长程心理治疗可以帮助你摆脱这种恶性循环、获得新的能量，让受损的思维恢复正常。

如何选择心理治疗师

近年来，各种心理治疗手段层出不穷。媒体一会儿报道这个，一会儿报道那个，每个治疗手段都被说成是最佳疗法；加上批评声争相入耳，不同的观点间矛盾不断，使得那些真正想治疗的人晕头转向，不知如何是好。广告里介绍的这样或那样的革命性技术往往有统计数据做支持，再加上其承诺快速见效、保证治愈，很容易让人高估心理治疗的效果，认为它适合所有人。个体带着希望走进治疗室本身并不是什么坏事，因为只要这种感觉是真实的，就会对治疗起到一定的作用，但期待过高无疑也是一个陷阱。要知道，临床实际情况往往和广告、畅销书鼓吹的内容大相径庭。治疗师有时大获全胜，也有时会溃不成军，不过在大多数情况下，治疗双方对结果都是比较满意的；有时候，虽然在治疗师眼里来访者的问题有了明显的改善，但来访者本人仍然不满意。如果来访者对治疗抱有过高的期望，而治疗并没有达到他本人预期的效果，他将十分痛苦，并对治疗方法或治疗师的能力产生怀疑，从而出现攻击心理或者出现指责治疗师不守承诺的情况。

心理问题具有一定的复杂性，最近几十年出现了不少新兴流派，但就算我们对相关问题的理解越来越深刻，治疗工具越来越发达，治疗方法越来越高效，我们仍然无法真正理解人性的复杂，更不敢保证治疗可以成功。科学家们虽然对治疗成功的必要条件也认真做了研究，但心理治疗并不是一门什么问题都有精确答案的学科，而且可能永远都不是。还有，就算我们在不断进步，科学与临床实践也永远无法阻止痛苦、疾病、衰老和死亡。为什么心理治疗的效果如此难以被预测呢？因为治疗方法虽然重要，但方法远远不是成功的唯一因素，对于如何选择治疗师这一微妙的问题，有关心理治疗有效性的最新研究结果或许能够解答一二。

何谓心理治疗

首先我们需要明确一点：心理治疗中没有奇迹。不可能会有一种适合所有人、解决所有痛苦的方法，每一种疗法都既有可能成功，也有可能失败，尤其是当个体的痛苦比较复杂、弥散，是从孩提时代起就慢慢滋生的，并且已经开始影响他生活的方方面面之时。在心理治疗中，治疗方法就是治疗师的工具，治疗方法往往是有据可循的，有理论依据和实践证明做支撑的，方法虽然必不可少，但其并不是治疗的核心。俗话说，有锤子不一定有好木匠，在治疗一些特定疾病时，某些技术可能比别的技术更合适，但我们不能保证它们一定会成功；此外，心理治疗过程还涉及许多因素，每一个因素都比方法更重要。

人与人的相遇

心理治疗首先是人与人的相遇，它的成功也是多种因素融合的结果，一部分因素来自来访者，一部分因素来自治疗师。从来访者层面来看，其痛苦和寻求安抚的愿望是治疗成功的基本动力，这一点听上去理所当然，但每个人的情况不一样。有些人想从知性层面理解心理治疗：他们看到过或者听说过心理治疗让人感觉不错，所以想用它来帮助自己，这个想法很好，但如果个体一开始没有一定程度的不舒服，那么心理治疗的效果可能并不明显。痛苦是治疗的主要驱动力，只有个体发现通过内省自己没有办法解决某类问题时，他才会有寻求安抚的意愿，这个意愿帮助个体忍受治疗中出现的困难时刻，比如在他面对让自己感到羞耻、想隐藏起来的部分之时。

动机是治疗成功的另一个条件。如果是个体是被爱人逼着去治疗，或者法院、医生要求他接受治疗，而他自己根本就不相信心理治疗，那么他就缺少真正的治疗动机。个体潜意识里的动机可能会和意识层面的愿望背道而驰，他若想改变，就需要放弃原有的模式，有时这个模式会让他痛苦，但因为它能带来安全感，所以个体还没有准备好要放弃。此外，个体某些自己无法接纳的弱点和不足会使其自恋受损，或者产生内疚感，这些都是咨询路上的绊脚石。

来访者的性格是建立治疗关系的另一个因素。有些人的人际交往能力比较差，治疗的成功率也比较低。另外，大部分治疗方法都需要个体具有一定的思维能力，若个体这方面能力不足，将为建立工作联盟带来很大的挑战。只要个体具备这两方面的能力，并且有治疗动机，那么即使他在治疗过程中遇到重重阻碍，最终还是能够获得成功，治疗师和患者相处的方式决定了治疗效果的好坏。

一个优秀的治疗师需要具备以下几个特征。他必须用自己喜欢的疗法工作，也就是必须非常了解自己手里的工具，了解它的优缺点；经过了多年扎扎实实的培训，具备相应的知识（理论）和技术（实践）；通过接触各式各样的来访者积累了一定的治疗经验，对理论和实践有更深刻的感悟。除了理论和实践，治疗师的情商、个性、沟通、语言、个人习惯以及人际交往能力等也十分重要，这些都是治疗成功的关键因素。大量研究表明，心理治疗的有效性取决于治疗师的个人性格和能力，而不是治疗方法。我再重申一下：心理治疗的基础是人际关系，是人与人之间的情感交流，若来访者的内心是受伤的、脆弱的，那么其痛苦往往来源于他难以处理自己的情绪，不善于处理人际关系，甚至这一方面的能力存在严重不足。心理治疗能否成功很大程度上取决于治疗师的人际交往能力如何，比如他是否知道该怎么使用技术，什么时候需要加以干预，该说话还是该沉默，说出来的话来访者能不能听懂，等等。这些技能已经远远超出技术层面，成为一门艺术。这类技能在书本上是学不到的，它源自一个人的情商、直觉，也就是治疗师自己的思维能力以及情绪掌控能力。由于治疗师本身也是一个有长处、有短处、有平衡、有失衡的普通人，所以心理治疗实践往往要求治疗师自己也进行个人体验。最新统计研究表明，有很大一部分来访者是由心理治疗师构成的，这从侧面体现了他们的专业精神，也许只有走过同样的路，才能更好地引导他人。

衡量一名治疗师优秀与否的重点是他的性格和个人成长。理论方面的知识，尤其是经验，会慢慢提升一个人的治疗能力，最终治疗师的人际交往能力甚至可能超越知识和技术。经验丰富的治疗师往往会建立自己的风格和工作方式，并根据自己的性格来调整治疗方法，把不同的技术整合到自己的治疗框架里，总之，推动来访者向前走的，是治疗师的人格状态。这种知识和经验的整合是被一点一点累积的，很多时候，治疗师自己都没有意识到这一点，他们会把成功归功于技术而不是自身。但同样的技术被放在一个经验不足的治疗师手里可能会产生不同的结果，即有时技术带来的是伤害，而不是帮助。

心理治疗在做什么

来访者在带着痛苦前来咨询时，往往对造成其痛苦的情绪体验是没有进行过思考的。个体情绪调节能力不足是导致失败的根源：来访者要么情绪太强烈且其难以控制；要么情绪太匮乏，其本人无法产生心理图像；要么在防御机制的作用下，内耗太激烈——他们被压垮了。

开展心理治疗的目的是寻找意义。为了帮助来访者开启心智化运作，治疗师需要运用自己的思维能力，他的首要任务是帮助来访者调节情绪，重新启动心智化运作，就像一个母亲会通过调整刺激和平静教孩子忍受自己的情绪一样，治疗师也需要通过给予平静和刺激来调节来访者的情绪。如果来访者的情绪无法得到宣泄，治疗师还必须帮助他为自己的身体和情绪做连接。如果来访者十分情绪化，治疗师则要知道怎么去抱持他因为过于焦虑或被强烈情绪（如愤怒、绝望、羞耻、兴奋）淹没而产生的痛苦。抱持意味着，面对来访者的焦虑，治疗师用一种接纳的态度去安抚，用自己内心的平静去感染他，这种安抚可以通过语言，也可以通过非语言，就像母亲用平静、温和的语气，用倾听和爱就能安抚抓狂的孩子一样。在个体意识到是自己的生活方式和思维方式才导致自己不舒服之前，心理治疗首先是一种矫正性的情绪体验，一种让来访者学会忍受各种情绪的人际体验，来访者若没有进行过这方面的学习，就无法开展心智化运作，更无法为情绪体验找到意义。

根据来访者的需求选择治疗方式

为了让治疗取得成功，治疗师在选择治疗方式的时候必须考虑来访者的具体需求，也就是其痛苦的性质、本人的性格及其心理和身心功能的特点。如果治疗需求非常强烈，比如来访者刚刚遭受创伤，建议使用类似手术治疗式的短、平、快的治疗方式。另外，**EMDR**眼动脱敏疗法[①]、认知行为疗法等也能对紧急情况进行有效干预。

---

① 马克西姆·贝里奥（Maxime Bériault），《EMDR: 灵丹妙药？》（*L'EMDR : une cure miracle？*），摘自《魁北克心理学》（*Psychologie Québec*），蒙特利尔，2007。

不过，有经验的治疗师不管使用什么疗法都可以满足这部分需求。只要问题是最近出现的，而且是有针对性的，治疗师便可以考虑采用短程疗法。但如果问题已经持续了很长时间，或者个体不舒服的感受是弥散性的、涉及生活各个方面的，那么他就有可能在情绪调节方面存在一定的问题。这时候，治疗师需要考虑用长程疗法为来访者提供矫正性的关系体验。大部分长程疗法会使用联想思维推进治疗，即通过建立关系让来访者意识到他的态度、行为或思维方式存在哪些问题并做出改变。长程和短程在思维工作中的重点不同，处理工作的方式也不同。当采访者的痛苦更多为心理层面的痛苦之时，两种疗法都能起到一定作用，来访者可以根据自己的能力选择治疗师，并根据自己的性格、期待和信念选择合适的疗法。

思维工作涉及将痛苦转化为语言方面的工作，治疗所里大多数疗法会使用心理表征和语言作为治疗工具，但是也存在一些特殊情况。第一种情况是当采访者的痛苦通过躯体表现出来时，治疗师就需要考虑来访者在想象力方面是否存在障碍，如果来访者无法使用语言表达心理痛苦，那么其想象力可能有一些问题，上述疗法将对他很难发挥作用；另一种情况是来访者的一部分情绪受到阻碍，痛苦缺乏心理表征，通过躯体化的形式表现了出来。在这种情况下，来访者的想象力并没有问题，但因为缺乏心理表征，他无法对痛苦进行心智化运作。针对这两种情况，治疗师单靠言语化无法推进治疗、解开心结，这时候他可以使用一些心身疗法，利用身体激发个体的心理图像。

心理图像疗法

长期以来，心理图像一直被用于某些形式的心理治疗，它可以接触并修改潜意识表征。20 世纪中叶，罗贝尔·德苏瓦耶（Robert Desoille）开发了所谓的"引导清醒梦技术"（rêve éveillé dirigé）[①]，旨在激发个体的内在图像，利用想象的链接能力来治疗个体心理层面的痛苦，这种技术有时也被用于治疗躯体障碍。

还有一些心理图像技术专为身体患有疾病的人群设计，为难熬的医学治疗提供支持。其中可能最著名的便为由肿瘤学家卡尔·西蒙顿（Carl Simonton）及其同事创立的"视觉化疗法"[②]。该疗法共分为三个阶段。首先，他们要求患者放松，让其处于一个能够接收关于疾病的内在图

---

① 罗贝尔·德苏瓦耶，《引导清醒梦的理论与实践》（*Théorie et pratique du rêve éveillé dirigé*），法国，Éditions du Mont Blanc，1961。

② 卡尔·西蒙顿、斯蒂芬·马修斯－西蒙顿（Stephanle Matthews-Simonton）和詹姆斯·克莱顿（James Creighton），《战胜一切》（*Guérir envers et contre tout*），巴黎，Desclée de Brouwer，1980。

像的状态。在患者进入状态后，研究人员请他把这些图像画下来，并对图像进行分析，然后鼓励他创作一些能够摧毁邪恶、把疾病从体内赶走的图像，以此来对抗代表疾病的图像。根据该疗法创立者的观察，由患者身体感受激发的图像可能更有效，因为这些根植于患者身体的图像是由他的右脑创建的，所以它们对生理状态的影响更大。因此，视觉化能否成功取决于一个人是否有能力进入一种流动状态，并让他的想象向他暗示图像，它不依靠个体的意愿或意识层面的理性来构建图像。

玛丽·莉丝·拉邦特（Marie Lise Labonté，2006）虽然认可西蒙顿医生疗法的优点，但也对此提出了批评，她认为该疗法的主旨在于不惜一切代价与疾病作斗争，而没有考虑患者的感受，作为一个处在病痛中的人，医生需要和其讨论对自身疾病的感受。这种反对意见确实值得反思，没有人希望自己生病。心理图像疗法的目标是让疾病消失，但是在身体患病以后，个体自身的其他方面也会不知不觉地参与其中，并带着被压抑的、憎恨的情绪和图像。从这个意义上来看，个体心理层面的痛苦是没有被看见的，若治疗师对这部分痛苦采取拒绝的态度，就等于是在对个体的内在自我进行攻击，个体与疾病斗争的图像则可能会落在自我憎恨而不是爱和接纳内心的痛苦上，而痛苦已经在以躯体化的形式表达自己，这种仇恨还可能导致个体的生理状态的恶化。对于代表疾病的负面图像，玛丽建议把攻击改为倾听，因为这些图像来自想象，它们能引导患者对痛苦的情绪多一分理解，一旦有了理解，它们便会成为故事的一部分，会产生一些更积极的图像，表示疗愈正在发生。

想象力是一种疗愈工具

到目前为止，我们讨论的疗法多多少少都和想象力有关。心理图像疗法依靠来自自身体感受的图像影响个体的生理状态，而精神分析则是在理解事件的过程中探索想象出来的内容，患者会踏上一条通往内心世界的旅程，把注意力集中在旅途中呈现的心理产物上。分析师则会邀请他自由联想，用语言表达所有出现在脑海里的感觉、图像、幻想、记忆和梦境，分析师会倾听患者内心的声音，对所有内容给予同等关注。

精神分析会启动长期的心智化运作。在思维持续流动的过程中，面对"说出一切"的要求，患者会不自觉地在言语中呈现阻抗之意，从而让分析师有机会识别他们内在的冲突。冲突会呈现不同的面向，主要表现为移情，患者将在潜意识里把父母的形象投射到分析师身上，移情是对童年时期学到的关系模式的重现，能让患者回到童年时的身心状态。若想要使患者恢复其已经失去的情绪记忆，这样做是一个必要条件，但这部分记忆不会轻易显现。移情会以伪装以及"见诸行动"的方式表现出患者记忆中的内容，同时也会阻碍一个人有意识地回忆，阻碍他对事件理解的进程。正如我们所知道的，行动是思考的对立面。对于患者投射到自己身上的内容，分析师会利用自己的心智化能力抓取其中的意义，从而帮助他们摆脱强迫性重复。

想象力完全受阻的患者会遇到一个特殊问题，他们往往不具备用语言表达心理痛苦的能力，而是会用躯体化方式将其呈现。他们与情绪切断了联系，也和意义切断了联系，心智化运作无法进行，他们很难通过想象力工作；同时，躯体疼痛让他们根本看不到这部分需要，而且对不能立竿见影的治疗会产生不耐受。这时，我们需要改变治疗方法，因为对于这部分患者，分析的主要目标不是去理解为什么会发生强迫性重复，而是启动心智化运作。正如德茹尔（1993）指出的那样，在对这类患者的治疗中，身体占据了更重要的位置，患者的身体与分析师的身体同样重要。传统疗法主要针对患者移情后所讲述的语言工作，很少关注他们的身体，因为身体已经存在于想象的产物中。那么对于无法被触及情绪的患者，我们就不能单单使用语言了，当关系中的某些事情影响到他们时，他们自己也意识不到。治疗师可以通过患者的身体变化来发现问题，如颤抖、躁动、运动不稳定、语速加快或变慢、出汗、脸色苍白和发红等是过度兴奋的迹象。治疗的艺术在于治疗师可以基于自己观察的内容，分析该什么时候用什么方法去帮助患者理解这些身体表现的情绪意义。

精神分析的工作是理解，理解患者的态度、行为和情绪反应，特别是理解痛苦的原因。这种理解在一定程度上是从一种深刻的感受中浮现出来的，允许其把事件归类到长期记忆里，允许遗忘，这样，患者便可以从强迫性重复中走出来，更好地活在当下，着眼未来。意义只有在我们不去寻找的时候才能被找到，它来自一个人的内在，是个体感知、感官、情绪、感觉和图像的整合，时间到了，意义自然会浮现出来。这就是为什么治疗师分析的目的不是使症状消失，如果他们把注意力集中在症状上，将会阻碍链接的过程。当意义出现时，个体会体验到一种内在的连续感，会感到幸福，因为他找回了一部分自我，当个体的其他情绪被唤醒时，另一部分记忆将被触及，这个平衡可能会再次被打破，需要治疗师再一次启动理解工作寻找意义。在平衡和失衡之间摇摆是人类的特征，分析并不能消除所有痛苦，但有助于排除障碍，让患者的心智化能力更为灵活，帮助他走出痛苦。

当障碍被排除，强迫性重复便会停止，患者的思维将恢复流动性，他不再有那种迫切地想要说出一切的冲动：他已经准备好结束分析了。个体的过度分析可能会对思维恢复流动性造成干扰，一个已经不再痛苦的人如果继续对自己想象的内容做分析，会不知不觉地将意志带进来。当思维流动起来时，治疗师可以不对其加以干预，这样效果会好得多。这和学习一门乐器类似，人们刚开始时需要把注意力集中在手指的运动上，多次、反复地练习同一个乐章，但是一旦他们掌握了技巧，就必须让自己沉浸在情绪里，不再专注于手指上的动作，如果不这样的话，就容易失误，失去来之不易的流畅性。什么时候结束分析对治疗师而言是一个很微妙的决定，分析不是为了等待幸福的到来，完美的幸福也并不存在。在精神分析中，疗愈是由个体内在的自由感衡量的，这意味着一个人在面对生活中不可避免的心理痛苦时，医生、药物或分析师不再是不可或缺的，当个体自己感觉力量已被找回的时候，他也就痊愈了。

至此，我们的情绪世界探索之旅已经进入尾声。情绪处于个体体内平衡调节链的顶端，是个体身心健康的核心。情绪能够通过感觉连通个体的身心，从整体上协调一个人的身体功能。个体对情绪的忽视、轻视和排斥会剥夺大脑思考和适应环境所需要的素材，长此以往，焦虑、抑郁、持续疲劳、疼痛或其他疾病将会袭来。

近年来，有越来越多的人开始追求健康的生活方式、健康的食物，开始留出时间做自己喜欢的运动，或者只是简单地动动身子。这些固然是必不可少的，但是你有没有想过，当我们这样做的时候，自身不良的心理状态会抵消这些努力带来的好处吗？在运动的时候，我们感受到的是轻松愉快，还是在和自己或他人进行激烈的斗争？我们全身心地投入运动，会不会是为了回避生活中的某些问题或者那些令人不舒服的感受？我们是过度控制饮食，赶走餐桌上的所有乐趣，还是会偶尔让自己放纵一下？若一个生活方式很健康的人在壮年遭遇疾病，我们会经常听到他周围的人说："他经常锻炼，吃得也很健康，生活得很自在，但还是得病了……"我们常常忘记从身体和情绪之间的关系去考虑问题。个体的生活方式固然重要，但其并不是维持内部平衡的唯一因素。人是非常复杂的，在人的体内，多种生理和心理因素会不断地相互作用，从而加强或抑制好习惯带来的好处，情绪就是因素之一。健康的生活习惯对不同的人会产生不同的影响，对某些人而言，它们会起到促进作用，但是它们也会给另一些人带来压力。人类的身体是受心灵支配的，心身之间的关系比我们想象得更为复杂。情绪是个体心身之间的桥梁，多亏了情绪，身体和心灵才能不断地进行交流；情绪是健康的核心，我们处理情绪的方式对体内动态平衡起着重要作用。

情绪有时候挺可怕的，尤其是当它特别强烈的时候，是因为它能调动个体的整个身体，让人难以自控吗？我们很难想象一种心理表现可以如此扎根于物质，对身体产生如此强大的影响。一直以来，人们都强烈抵触"心身关系是人类功能的关键"这样的理念，其实在理解各种疾病时，我们应给予身体和心灵同样多的关注。20世纪上半叶，在西方，身体是被贬低的，身体是万恶之源，人们眼里容不下它，嘴上也不会提到它，即使提到也是使用十分隐喻的方式。那时候人们崇拜心灵，认为心灵十分纯粹，认为人类以外的其他物种都受本性支配，是心灵让人类获得了至高无上的地位。但是人们忘记了，心灵是根植于身体的，如果心灵可以思考、可以探索、可以感受、可以爱、可以使用所有的高级功能，那它首先需要感谢身体的存在。当今社会是真正崇拜身体的，以至于很多领域都把心理及其产物（图像、幻想、感觉等）排除在外，人们不仅会在身体疾病中忽视心理因素，在心理疾病中也不例外。当下存在一种把一切生物化的趋势，即用基因来解释抑郁症、多动症、肥胖等，并试图研发药物治疗它们，却忽略了这些状态背后的心理痛苦。为了摆脱痛苦，我们把一切物化，带回物质层面，拒绝重视情绪对我们的反应及行为产生的影响。在这些疾病中发现的生理、遗传或功能因素提醒我们，身体参与了情绪和心理活动，这是一个加分项，但同时我们要记住，这些因素永远不会自行发挥作用，情绪和思维可以扩大或缩小影响。不管你是否认同，人类的身心在本质上是一体的，在人体所有的功能中，没有任何一项可以逃脱身心之间的密切交流。

在把疾病生物化的同时，面对痛苦，我们常常回避自己的感受，不去思考到底是什么让自己不舒服，拒绝倾听情绪在诉说什么。近几年一股所谓的替代药物热潮被掀起，针灸、正骨等技术映入大众眼帘。与传统医学相比，这些疗法又从更加全面的角度看待人体功能，而且非常重视能量、情绪和记忆的作用。这正说明了，即使我们在有意识地消除心理痛苦，心里还是知道这些情绪十分重要，并希望自己能对其加以思考。

神经科学界的最新发现比以往任何时候的发现都更能证明人类身心功能的重要性，它证实了情绪和人际关系在身心发展、维持健康和治疗各种心理或躯体疾病方面的重要性。这些研究成果让我们能更好地理解身体的自愈机制，它们揭示了心理对免疫系统的正常运作起到重要作用。此外，人们越来越意识到，心理和关系因素能影响治疗效果。这些都说明了人类功能的统一性，以及照顾好心灵和身体的重要性。因此，所有想要疗愈心理或身体痛苦的人都可以通过内部工作获益，可以通过使用不同的工具重新点燃自己的想象力，也可以利用想象的组织能力寻找意义。想象力是根植于个体身体的，无论它是有意识的还是无意识的，都能为个体带来深刻的变化。无论选择哪种方法，即使这一方法无法真正对我们的生理产生影响，想象也有助于在我们的情绪和痛苦之间架起一座桥梁，把我们带回良好的状态。此外，试着去理解痛苦的根源，不仅能帮助我们启动心智化运作，还能增强我们的自我认同感。

即使我们已经很好地理解了情绪在身心功能中的决定性作用，以及想象思维对生理的影响，我们依然无法理解身体与心灵之间的所有交流运作方式，在期待新发现的同时，我们自己也可以利用已知的方法提升这一方面的力量。无论面对的是积极情绪还是消极情绪，与情绪联手都是一个很好的起点，我们与其在遇到困难后行动，不如从现在开始，更好地感受情绪。此外，学会表达情绪能帮助我们促进人际关系，进一步收获幸福。

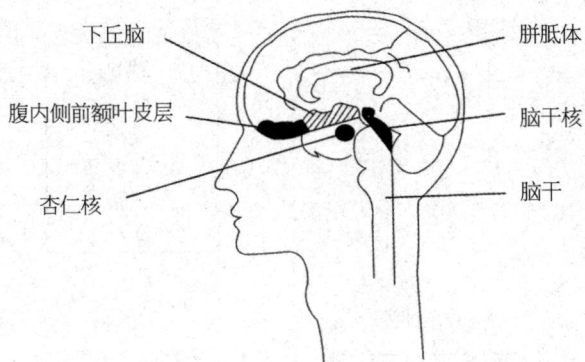

下丘脑

腹内侧前额叶皮层

杏仁核

胼胝体

脑干核

脑干

a）右脑内剖图

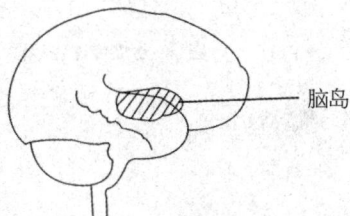

脑岛

b）右脑外视图

图 I　与情绪和感觉有关的大脑结构图

胼胝体

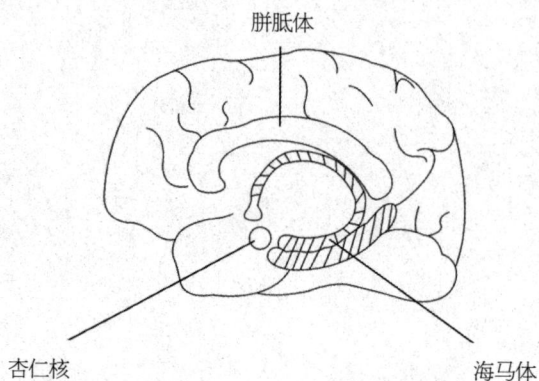

杏仁核

海马体

图Ⅱ 海马体和杏仁核（右脑内剖图）

大脑

疼痛

感知
情绪
记忆
行为

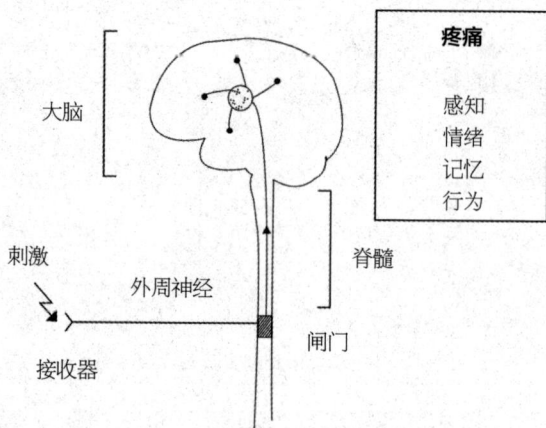

脊髓

刺激

外周神经

接收器

闸门

图Ⅲ 疼痛传递路径图

资料来源：《控制疼痛》，P.52。